班组安全行丛书

金属冶炼安全知识

（第二版）

谢振华　主编

中国劳动社会保障出版社

图书在版编目(CIP)数据

金属冶炼安全知识/谢振华主编. -- 2版. -- 北京：中国劳动社会保障出版社，2022

(班组安全行丛书)

ISBN 978-7-5167-5698-0

Ⅰ.①金…　Ⅱ.①谢…　Ⅲ.①冶金-安全技术　Ⅳ.①TF088

中国版本图书馆CIP数据核字(2022)第217295号

中国劳动社会保障出版社出版发行

(北京市惠新东街1号　邮政编码：100029)

*

北京市科星印刷有限责任公司印刷装订　　新华书店经销

880毫米×1230毫米　32开本　7.125印张　162千字

2022年12月第2版　　2022年12月第1次印刷

定价：24.00元

营销中心电话：400-606-6496

出版社网址：http://www.class.com.cn

内容简介

本书以问答的形式介绍了金属冶炼安全知识，内容包括金属冶炼安全基础知识，烧结、球团、焦化、耐火材料生产安全知识，炼铁安全知识，炼钢安全知识，冶金煤气安全知识，氧气及相关气体安全知识，有色金属冶炼安全知识七部分。

本书叙述简明扼要，内容通俗易懂，并配有相关典型事故案例。本书既可作为班组安全生产教育培训的教材，也可供从事安全生产工作的有关人员参考、使用。

前言

班组是企业最基本的生产组织，是实际完成各项生产工作的部门，始终处于安全生产的第一线。班组的安全生产，对于维持企业正常生产秩序，提高企业效益，确保职工安全健康和企业可持续发展具有重要意义。据统计，在企业的伤亡事故中，绝大多数属于责任事故，而90%以上的责任事故又发生在班组。可以说，班组平安则企业平安，班组不安则企业难安。由此可见，班组的安全生产教育培训直接关系企业整体的生产状况乃至企业发展的安危。

为适应各类企业班组安全生产教育培训的需要，中国劳动社会保障出版社组织编写了“班组安全行丛书”。该丛书自出版以来，受到广大读者朋友的喜爱，成为他们学习安全生产知识、提高安全技能的得力工具。其间，我社对大部分图书进行了改版，但随着近年来法律法规、技术标准、生产技术的变化，不少读者通过各种渠道给予意见反馈，强烈要求对这套丛书再次进行改版。为此，我社对该丛书重新进行了改版。改版后的丛书共包括17种图书，具体如下：

《安全生产基础知识（第三版）》《职业卫生知识（第三版）》《应急救护知识（第三版）》《个人防护知识（第三版）》《劳动权益与工伤保险知识（第四版）》《消防安全知识（第四版）》《电气安全知识（第三版）》《危险化学品作业安全知识》《道路交通运输安全知识（第二版）》《金属冶炼安全知识（第二版）》《焊接安全知识

（第三版）》《起重安全知识（第二版）》《高处作业安全知识（第二版）》《有限空间作业安全知识（第二版）》《锅炉压力容器作业安全知识（第二版）》《机加工和钳工安全知识（第二版）》《企业内机动车辆安全知识（第二版）》。

该丛书主要有以下特点：一是具有权威性。丛书作者均为全国各行业长期从事安全生产、劳动保护工作的专家，既熟悉安全管理和技术，又了解企业生产一线的情况，所写内容准确、实用。二是针对性强。丛书在介绍安全生产基础知识的同时，以作业方向为模块进行分类，每分册只讲述与本作业方向相关的知识，因而内容更加具体，更有针对性。班组可根据实际需要选择相关作业方向的分册进行学习。三是通俗易懂。丛书以问答的形式组织内容，而且只讲述最常见、最基本的知识和技术，不涉及深奥的理论知识，因而适合不同学历层次的读者阅读使用。

该丛书按作业内容编写，面向基层，面向大众，注重实用性，紧密联系实际，可作为企业班组安全生产教育培训的教材，也可供从事安全生产工作的有关人员参考、使用。

目录

金属冶炼安全基础知识

一、钢铁冶炼安全基础知识

1. 钢铁冶炼生产过程的特点是什么?

钢铁冶炼生产过程主要包括烧结、球团，焦化，耐火材料生产，炼铁和炼钢5个生产过程。下面分别介绍各个生产过程的特点。

（1）烧结、球团生产特点。烧结、球团是粉矿造块的两种工艺，即将高品位粉矿通过烧结法或球团焙烧法制成适合高炉冶炼的块矿的工艺过程。烧结法是利用烧结机将添加一定数量燃料的粉状物料（如粉矿、精矿、熔剂及综合利用料）进行高温加热，在不完全熔化的条件下烧结成烧结矿，为炼铁高炉提供冶炼的原料。球团焙烧法是将准备好的原料（细磨精矿或其他细磨粉状物料、添加剂或黏结剂等），按一定比例经过配料、混匀，在造球机上经滚动而制成一定尺寸的生球，然后采用干燥和焙烧或其他方法使生球发生一系列物理化学变化而硬化团结。

（2）焦化生产特点。焦化是把性质各异的煤按一定比例混合在一起，隔绝空气加热到950~1 050 ℃，经过干燥、热解、熔融、黏结和固化等阶段最终形成焦炭的过程。焦化厂一般由备煤、炼焦、回收、精苯、焦油、其他化学精制、化验和修理等车间组成，其中化验和修理车间为辅助生产车间。备煤车间的任务是为炼焦车间及时供应符合质量要求的配合煤。炼焦车间是焦化厂的主体车间。炼焦车间的生产流程是：装煤车从储煤塔取煤后，运送到已推空的炭化室上部将煤装入炭化室，煤经高温干馏变成焦炭，并放出荒煤气由管道输往回收车间；用推焦机将焦炭从炭化室推出，经过拦焦车后落入熄焦车内送往熄焦塔进行熄焦；之后，从熄焦车卸入凉焦台，蒸发掉多余的水分和进一步降温，再经输送带送往筛焦炉分成各级焦炭。回收车间负责抽吸、冷却及回收炼焦炉产生的荒煤气中的各种初级产品。

（3）耐火材料生产特点。不同的耐火制品，使用的原材料及生产时发生的物理化学反应虽不同，但生产工序和加工方法（如原料煅烧、破碎、粉碎、细磨、配料、混料、成型、干燥和烧成等）基本一致。耐火材料生产所用的设备比较笨重，机械化程度低，劳动强度大，环境条件差，生产中易发生事故。耐火材料生产工艺中的各个环节，都可能产生大量含有较高游离二氧化碳的粉尘，严重危害人的身体健康。

（4）炼铁生产的主要特点。炼铁是将铁从铁矿石中还原出来，并熔化成生铁的过程。炼铁的工艺流程是将铁矿石或烧结球团矿、锰矿石、石灰石和焦炭按一定比例混匀送至料仓，然后再送至高炉，从高炉下部吹入1 000~1 300 ℃的热风，使焦炭燃烧产生大量的高温还原气体（煤气），从而加热炉料并使其发生化学反应。在1 100 ℃时铁矿石开始软化，1 400 ℃时熔化形成铁水与液体渣分层存于炉缸。之后，进行出铁、出渣作业。

（5）炼钢生产的主要特点。铁水中含有碳、硫、磷等杂质，影响铁的强度和脆性等，需要对铁水进行再冶炼，以去除上述杂质，并加入硅、锰等，调整其成分，对铁水进行重新冶炼以调整其成分的过程叫作炼钢。炼钢的主要原料是含碳较高的铁水或生铁以及废钢铁。目前我国炼钢炉有转炉和电炉两种。

2. 冶金企业安全生产的特点是什么?

（1）生产作业环境复杂。冶金企业生产场所既可能存在高温、高湿、噪声、粉尘，也可能存在易燃易爆、有毒有害物质。冶金企业生产场所通常还配置有众多大型生产设备及连续化生产设备，且其中还有相当数量的特种设备。

（2）作业现场人员类型复杂。冶金企业生产场所作业人员除本单位在岗编制人员外，还可能包括临时工作人员、外协人员及其他外来人员等。各类人员接受安全教育培训力度不同，对生产现场危险认识程度不一，给安全管理带来较大难度。

（3）危险作业类别众多。冶金企业生产过程中，涉及检修作业、受限空间作业、动火作业、吊装作业、抽堵盲板作业、高处作业、动土作业、断路作业等危险作业，具有时空立体交叉、动态控制困难、事故多发等特点。

（4）危险有害因素种类众多。冶金企业生产工艺流程长，涉及的专业多，作业连续性强，炉窑、塔器、管道与大型机械纵横交错，作业空间狭窄，存在各种危险有害因素，容易引发中毒窒息、火灾、爆炸、灼烫、高处坠落、触电、起重伤害、机械伤害等事故和尘肺病、噪声聋、职业性肿瘤等职业病。

（5）可能发生重特大人员伤亡事故。冶金企业生产场所危险源点多，且危险源的危害性大。例如，冶金生产高温冶炼过程中产出的铁水、钢水危险性极大。罐体倾翻、泼溅，炉体烧穿导致铁水、钢水遇水爆炸，都可能引发重特大事故，造成重大经济损失。

（6）可能引起次生安全事故。冶金企业主体生产系统对辅助系统的依赖程度较高，辅助系统故障极易诱发全局性生产安全事故。例如，煤气是冶金生产的副产品和重要能源，生产和使用量大，作为燃料被广泛使用。炼焦、炼铁、炼钢产生大量煤气，轧钢及其他辅助生产将煤气作为燃料，同时，煤气管网分布区域广、周围环境复杂。如果煤气系统故障，极易导致主体生产系统瘫痪，并引发次生安全事故。

3. 烧结、球团生产过程中存在的主要危险源、事故类别和事故原因分别是什么？

烧结、球团生产过程中存在的危险源主要有以下 6 种。

（1）高温危害。烧结、球团生产的主要高温岗位有烧结机、焙烧机、回转窑、单辊破碎机、热矿筛、一次返矿、冷却机和成品皮带运输机等。

（2）粉尘危害。在烧结、球团生产过程中，需要进行精矿粉的装卸、破碎、混合，石灰石、白云石、碎焦、无烟煤等原料的粉碎、筛分，此过程产生的粉尘量大、扩散范围广。

（3）有毒有害气体及物质流危害。供给烧结机、焙烧机、回转窑点火用的煤气在使用中如存在管道、闸阀泄漏，则会导致工人一氧化碳急性中毒；因烧结、球团生产过程中有各种类型的输送带，有时要对断裂的输送带进行修补黏合，在应用黏合剂时工作环境中会产生苯、甲苯、二甲苯等有害化合物。

（4）机械伤害。如设备运行、设备检修或故障处理时靠近或接触设备、进入设备内部检修时，都可能引起机械伤害。

（5）高处坠落。在设备梯子、平台及吊装孔盖板部位等区域作业时，存在高处坠落危险。

（6）作业环境复杂等。

事故类别为机械伤害、高处坠落、物体打击、起重伤害、火灾、灼烫、触电、中毒窒息以及粉尘等职业病。

导致事故发生的原因主要是：设备设施缺陷、技术与工艺缺陷、防护装置缺陷、作业环境差、规章制度不完善和违章作业等。

4. 焦化生产的主要事故及预防措施有哪些?

焦化厂各车间随着生产工艺的不同，事故性质也明显的不同。备煤车间以带式输送机事故和煤埋窒息为主，炼焦车间以机械或车辆伤害、高温、烟、尘为主，而回收、精苯、焦油等化学车间则以火灾爆炸和中毒事故为主，所以各车间的安全防护措施各有其侧重点。

（1）带式输送机事故的预防。焦化厂带式输送机是运输煤、焦炭的主要工具之一。带式输送机在运转中容易发生打滑、跑偏、输送带撕裂、漏斗堵塞等事故，在处理故障和清扫时发生绞人事故的情况也不少。

预防措施主要包括以下几点。

1）采用触线紧急刹车检测装置。一旦有人触及输送带触线，带式输送机迅速停止运转，防止将人绞入输送带。

2）采用传送带跑偏检测、调整装置。它能检测传送带的跑偏程度，当接收到电气控制系统的驱动信号时，能调整传送带逆着跑偏方向运动，以消除传送带跑偏。

3）采用打滑检测、调整装置。

4）采用防撕裂检测装置。当发生传送带撕裂时，可立即停车。

5）防止漏斗堵塞。当物料装至一定位置时，振打机构开始工作将物料振下。

6）带式输送机清扫、检修等作业，应在带式输送机停止运转的情况下进行。

（2）煤埋窒息事故的预防。由于国内焦化厂所有储煤槽的漏嘴都设计成倒圆锥形或倒角锥形，往往造成一些事故的出现。近年来，储煤槽漏嘴的几何形状，已由原来的圆锥形、角锥形改为双曲线形。这样，煤流动的截面收缩率虽然没有改变，但减小了煤流阻力，使槽内煤流情况大为改善，也就不再需要人工清扫处理，从而杜绝煤埋窒息事故。如果偶尔还需对储煤槽进行人工清扫，下槽人员必须佩戴安全带，并有专人监护，清扫时禁止在悬煤下探煤。

（3）火灾和爆炸事故的预防措施。

1）严格划分动火区与防火区。防火区严禁烟火，包括每个人的防火。禁止任何人携带火种进入防火区，禁止穿戴、使用可能产生火花的衣服、鞋和工具。非经特殊批准并采取特殊防范措施，不准在防火区进行动火检修作业。防火区应采用防爆型电气设备。有关设备管道应有良好的接地装置，防止静电积聚。

2）严防泄漏和气体散发。一级易燃液体或温度高于闪点的易燃、可燃液体，其液面上的空气本身就是爆炸性混合物。为防止这种混合物逸散，必须对易燃、可燃液体储槽进行定期检查；输送泵及管道均应严密不漏；各储槽或生产装置的放散管，应装置阻火器。

3）要有完善的消防设施。大中型焦化厂一般设有专门消防站和泡沫站。

（4）中毒事故的预防措施。防止中毒的措施主要是防止毒物泄漏。进入有毒物质的容器、设备和管线等内部检修，必须首先对其进行彻底清洗，并经取样分析，确认内部空气符合国家职业安全卫生标准规定的容许浓度后，才可进行工作。

5. 耐火生产的主要危险源、事故类别和事故原因分别是什么？

耐火生产的主要危险源包括冲击成型设备及操作危害、高温炉窑及作业危害、回转往复运动机械伤害、高温和高粉尘危害等。

耐火生产的主要事故类别有物体打击、机械伤害、车辆伤害、起重伤害、灼烫、高处坠落等。

根据对以往事故的统计分析，耐火生产的主要事故原因包括：违章作业和操作失误、劳动组织不合理、缺乏现场检查指导、技术和设计缺陷、缺乏安全技术知识、设备安全防护装置存在缺陷或失效等。

◎相关知识

耐火材料是钢铁工业的重要材料，它主要应用在炼钢炉、炼铁炉的内衬，承装和运输金属及炉渣的钢包内衬，下道工序加热钢坯的炉子内衬，以及传导热气的烟道和高炉炉身的内衬。因此，耐火材料为结构材料，可以承受的温度为 1 760 ℃。

6. 耐火材料安全生产预防事故措施是什么？

（1）主体设备运行的安全。运行时应注意以下几点：检查轴承润滑情况，轴承内及衬板的连接处是否有足够且适量的润滑油；检查所有的紧固件是否安全紧固；检查传动带情况，若有破损应及时更换，带轮有油污时，应用干净的抹布将其擦净；检查防护装置是否良好，发现有不安全的现象时应立即消除；检查破碎腔内有无矿石及杂物，正常运行后方可喂料；正常启动后若发现有不正常情况，应立即停机检查处理；在设备运行时，严禁从上面朝机器内窥视，严禁进行任何调整、清理或检查等工作，严禁用手在进料口上或破碎腔内搬运、移动矿石；停机前，应首先停止加料，待破碎腔内破碎物料完全排出后，方可断开电源开关。

（2）防尘措施。耐火厂的各个工艺环节可以说无处不产尘。经验证明，采取“水、密、风、护、革、管、教、查”八字方针是有效、正确的。

（3）安全技术措施。改进工艺，提高机械化、自动化程度；安装安全设施和标志，并定期检查；坚决贯彻执行有关安全生产的政策和法规；加强劳动保护，定期对职工进行身体检查。

7. 炼铁生产的主要危险源是什么？

炼铁生产是钢铁工业伤亡事故较多的生产环节之一，炼铁工伤事故的严重程度一直较高。造成危害的主要危险源有以下几方面。

（1）烟尘。炼铁生产烟尘大，主要原因是原料系统、出铁场、铸铁机和碾泥机等作业环境粉尘浓度高，由氧化铁粉尘与碳素泥、尘砂、焦粒等组成，并含有矽尘的混合性粉尘。粒度小于 5 μm 的粉尘的质量分数为 89%，游离二氧化硅的质量分数大于 10%。

（2）噪声、高温辐射。炼铁生产的噪声主要来自高炉熔炼过程，一般为 95 dB（A）左右，开视孔小盖为 128 dB（A），热风炉换炉为 93 dB（A），喷吹煤粉系统球磨机 103~114 dB（A），其他如炉顶均压放散、漏风、跑水蒸气等噪声也较严重，往往高达 100 dB（A）以上。炼铁生产属高温、强热辐射作业，热源来自被加热空气的对流热和生产设备及其周围物体表面的二次热辐射。

（3）高炉煤气燃烧爆炸、煤粉爆炸、铁水和熔渣喷溅与爆炸。

渣、铁、煤气和喷吹煤粉的爆炸使炼铁生产设备损坏，且极易造成重大人身伤亡。炉前爆炸事故主要是风、渣口的烧穿，铁口堵不住和炉缸、炉底烧穿等引起的爆炸。其主要原因是高炉生产工艺制度和出渣出铁制度遭到破坏，炉缸工作不好和炉缸积铁过多。煤气爆炸事故大多发生在高炉开炉、送风、休风、停炉以及处理除尘器等煤气设备的残余煤气的过程中。高炉煤气与空气混合只要达到爆炸极限（体积分数上限为 89%，体积分数下限为 30%），有炽热料、尘或火星就会引起爆炸。早在 20 世纪 50 年代就发生过喷吹罐爆炸、死亡数人的重大伤亡事故，铁水遇水爆炸等恶性事故也时有发生。

（4）高炉煤气中毒。炼铁生产时会副产大量高炉煤气，高炉煤气中一氧化碳的体积分数为 28%～32%。高炉煤气是一种窒息性气体，是对炼铁工人的主要危害之一，其主要原因是作业环境煤气泄漏严重。

（5）机具及车辆伤害。

（6）高处作业危险等。

8. 炼铁生产中的事故类别和事故原因分别是什么？

炼铁生产中的事故类别包括灼烫、机具伤害、车辆伤害、物体打击、煤气中毒、各类爆炸事故等 6 类主要伤害。

事故原因：人为因素（误操作、身体疲劳）、管理原因（不懂或不熟悉操作技术、劳动组织不合理）和物质原因（设备设施工具缺陷、个体防护用品缺乏或有缺陷）。

◎事故案例

某日，1 号高炉烘炉由 2 号高炉供煤气转为 3 号高炉供煤气，2 号高炉休风以后，3 号高炉煤气管道需打开向 1 号高炉供煤气。关闭

3 号高炉煤气管道的煤气蝶阀后，在打开 3 号眼睛阀的作业过程中，4 名作业人员中毒，监护人和赶来救援的值班工长也中毒。该事故造成 3 人死亡，1 人重度中毒。

（1）事故要点。

1）4 号煤气蝶阀关闭以后，煤气压力表显示 2 kPa，技师顺手将煤气压力表下面的排污阀开了一下（煤气压力表、排污阀通过三通连接），然后再关闭，此时煤气压力显示为零，然后就开始组织热风工上高位平台，进行 3 号眼睛阀操作。

2）4 名热风工带上煤气报警器、两套防毒面具上到了 3 号眼睛阀平台（平台距地面 7.2 m，面积约 4 m^2），现场测试煤气报警器不报警，戴着防毒面具工作不方便，就摘掉了防毒面具。

3）控制眼睛阀的两根丝杠松开，由于管钳拧不动丝杠，眼睛阀松动了 10 cm 左右，突然一股煤气从松动的法兰处喷出。

4）1 人叫“快撤”，但为时已晚，没有地方躲，此人就趴倒在平台的西边，另 3 人中毒倒在平台的东边。

5）在下面监护的人发现情况不正常，便爬上无护笼的直梯去抢救，中毒摔在地上。

6）值班工长带领人到现场抢救，在系绳子（用绳子将中毒者放下来）过程中也中毒，从约 6 m 高处摔了下来。

（2）事故原因分析。

1）违反“冒煤气作业，操作人员应佩戴呼吸器或通风式防毒面具”的规定。

2）眼睛阀没有完全切断，错误地判断煤气管道内没有压力。

3）作业场所没有逃生及救援通道。

9. 炼铁企业的事故预防措施主要有哪些？

（1）安全组织管理措施。根据7 926件事故案例统计分析，炼铁事故的原因中，违章作业占41.59%，管理原因占23.88%，物质原因占23.88%。前两者合计，即人为原因约占65%，因此首先必须加强安全管理。高炉炉前作业，包括铁口、风口、渣口的作业，铁沟、渣沟的清理，以及炉前冲水渣作业，必须严格按照《炼铁安全规程》（AQ 2002）和各企业制定的安全操作规程执行，加强企业安全生产标准化建设。对高炉区、热风炉区和煤气洗涤除尘系统三个主要煤气危险区，应普遍采用国内一些炼铁厂多年来行之有效的三类煤气危险区管理制度（即按作业环境煤气量划分成致命危险，可能危及人身健康和生命安全，和含少量煤气的甲、乙、丙三类区域管理办法）。对喷吹煤粉车间的磨煤、干燥、粉煤仓、储煤罐、喷吹罐和输送煤粉管路，应严格按照国家防火防爆有关规定执行。为杜绝或减少重大生产事故和重大设备事故，尤其是大量跑渣、跑铁、喷射红焦以及煤气爆炸，除严格贯彻高炉生产工艺制度外，应按照系统工程原理与方法，把生产事故、设备事故与工伤事故，作为一个完整的系统来统一考虑和管理。

（2）工程措施。逐步实现炼铁生产工艺设备安全化，创造安全作业条件，这是控制事故发生的重要途径。尤其是出铁场作业应实现机械化，这是减少炉前作业事故的重要措施。应尽量减少或消除煤气的人工取样，换风口和清理渣、铁沟等危险作业和笨重体力劳动。原料车间的带式输送系统应设有完整的安全装置。喷吹煤粉系统除按防火防爆要求设计、建设和选用设备外，必须设有除去金属物装置，以及控制和检测温度、压力、含氧量的极限报警和自动切断装置。对炼铁厂的设计建设和生产，必须采取加强高炉、热风炉和煤气系统的密封性能措施，应很好地维修和定期更换超期使用或已磨损的闸阀等煤气设备附件。在高炉技术改造或大修时，应解决炼铁区内布置不合理、建设结构过分拥挤、铁路线路过多以及职工上下班没有合适的安全通道等问题，这是减少炼铁厂车辆伤害的根本措施之一。

（3）工业卫生措施。在高炉技术改造或大修中，应尽量使用先进工艺设备，逐步做到在中型炼铁厂从原料到出铁、出渣的工艺设备，都采用便于密闭抽风、隔热、防尘、防毒以及防止漏风和漏水蒸气的措施；有条件的企业，应淘汰火车上矿坑和料罐、料车上料，以尽量减少原、燃料多次落地扬尘和倒运；原料系统、出铁场、铸铁机和碾泥等烟尘危害严重的场所，应设有除尘装置，可采用扬尘点加密封罩或采用出铁场两次除尘、屋顶电除尘等先进技术。对高炉均压放散、热风炉、鼓风机、除尘风机、磨煤机等噪声污染严重的设施应采取吸声、消声、隔离、减振、阻尼等措施。煤气区域应有足够的一氧化碳检测报警器。出铁场和高炉炉体作业较多的平台应设有各种送风装置或局部通风降温设施。

10. 炼钢生产的主要危险源有哪些？

（1）高温辐射。炼钢系统中铁水、钢水、钢渣的温度一般都在1 250~1 670 ℃，高温作业危害程度较为严重；连铸系统辐射的高温作业区主要是浇注平台，其次是铸坯切割区。

（2）钢水和熔渣喷溅与爆炸、氧枪回火燃烧爆炸。钢水、铁水、钢渣以及炼钢炉炉底的熔渣都是高温熔融物，与水接触就会发生爆炸，破坏力极大。炼钢厂因为熔融物遇水爆炸的情况主要有：转炉氧枪，转炉的烟罩，连铸结晶器的高、中压冷却水大漏，穿透熔融物而爆炸；炼钢炉、精炼炉、连铸机结晶器的水冷件因为回水堵塞，造成继续受热而引起爆炸；炼钢炉、钢水罐、铁水罐、中间罐、渣罐漏钢、漏渣及倾翻时发生爆炸；往潮湿的钢水罐、铁水罐、中间罐、渣罐中盛装钢水、铁水、液渣时发生爆炸；向有潮湿废物及积水的罐坑、渣坑中放热罐、放渣、翻渣时引起的爆炸；向炼钢炉内加入潮湿料时引起的爆炸；铸钢系统漏钢与潮湿地面接触发生爆炸。转炉是通过氧枪向熔池供氧来强化冶炼的，如使用、维护不当，会发生燃爆事故。

（3）煤气中毒。主要为一氧化碳中毒。

（4）车辆伤害。

（5）起重伤害。

（6）机械伤害。

（7）高处坠落等。

11. 炼钢生产中的事故类别、事故原因主要有哪些?

炼钢生产的事故类别包括氧气回火、钢水和熔渣喷溅引起的灼烫与爆炸、起重伤害、车辆伤害、机械伤害、物体打击、高处坠落、触电和煤气中毒等。

事故原因：人为违章作业和误操作、作业环境条件不良、设备缺陷、操作技术不熟悉、作业现场缺乏检查和指导、安全规程不健全或执行不严格、个体防护措施和用品缺乏或有缺陷等。

◎事故案例

某日上午10时许，某炼钢厂正在生产的炼钢车间突然发生炼钢“跑炉”事故，钢水从高炉中倾泻出来，导致正在炉台上作业的3名工人当场死亡，另外至少有5名工人受到不同程度的烧伤。造成此次事故的原因有两个方面：一是有关人员违反安全生产规程，操作不当；二是企业在安全管理方面的漏洞也是导致事故的一个重要原因。

二、有色金属冶炼安全基础知识

12. 有色金属冶炼工艺过程是什么样的？

有色金属冶炼是从矿石、精矿、二次资源或其他物料中提取主金属和伴生元素或其化合物的物理化学过程。提取方法有火法冶金、湿法冶金和电冶金三类。火法冶金使矿石（或精矿）在高温下发生一系列物理化学变化，包括焙烧、熔炼、还原、吹炼、精炼等过程；湿法冶金是在水溶液中进行，包括浸出、液固分离、溶液净化、金属提取等过程；电冶金是利用电化学反应或电热进行的冶金过程，包括水溶液电解、熔融盐电解、电解提取、电解精炼等过程。

有色金属冶炼通常包括以下三个主要步骤：

（1）矿物分解和化合物提取，分解目的在于破坏矿物稳定结构，并使其中需要的主金属和伴生元素分离，转变成氧化物、氯化物、硫酸盐，或转入锍相。主要有焙烧、造锍熔炼、浸出等方法。

（2）粗金属制取，通常采用还原熔炼以及金属热还原、碳热还原、氢还原、电解、置换等方法。

（3）金属精炼，目的在于脱除金属中的杂质，产出符合应用要求的纯金属，主要有火法精炼和电解精炼两种方法。

三个主要步骤并不是一成不变的，某些化学活性较差的金属，往往将矿物分解与粗金属制取合在同一阶段进行，如鼓风炉还原熔炼生产粗铅就是同时完成造渣分离脉石成分和产出粗铅的。

◎**相关知识**

实际应用中，通常将有色金属分为以下 5 类。

（1）轻金属。密度小于 4 500 kg/m^3，如铝、镁、钾、钠、钙、锶、钡等。

（2）重金属。密度大于 4 500 kg/m^3，如铜、镍、钴、铅、锌、锡、锑、铋、镉、汞等。

（3）贵金属。价格比一般常用金属昂贵，地壳丰度低，提纯困难，如金、银及铂族金属。

（4）半金属。性质介于金属和非金属之间，如硅、硒、碲、砷、硼等。

（5）稀有金属。包括：

1）稀有轻金属，如锂、铷、铯等；

2）稀有难熔金属，如钛、锆、钼、钨等；

3）稀有分散金属，如镓、铟、锗、铊等；

4）稀土金属，如钪、钇、镧系金属；

5）放射性金属，如镭、钫、钋及阿系元素中的铀、钍等。

13. 有色金属冶炼安全生产的特点是什么？

有色金属的冶炼根据矿物原料的不同和各金属本身的特性，可以采用火法冶金、湿法冶金或电冶金。火法冶金一般具有处理精矿能力大，能够利用硫化矿中硫的燃烧热，可以经济地回收贵金属、稀有金属等优点。湿法冶金常用于处理多金属矿、低品位矿和难选矿。电冶金适用于铝、镁、钠等活性较大的金属生产。这些方法要针对所处理的矿物组成来选择使用或组合使用。有色金属的冶炼方法基本上可分为三大类：第一类是硫化矿物原料的选硫熔炼，属于这一类的金属有铜、镍；第二类是硫化矿物原料先经焙烧或烧结后，进行碳热还原生产金属，属于这一类的金属有锌、铅、锑；第三类是焙烧后的硫化矿或氧化矿用硫酸等溶剂浸出，然后用电解法从溶液中提取金属，属于这类冶炼方法的金属主要有锌、镉、镍、钴、铝。铜、铅冶炼厂生产金、银处理阳极泥仍使用火法冶金，一般阳极泥处理包括脱铜、脱硒、贵铅的还原熔炼和精炼、银电解、金电解等工序。铅阳极泥则用直接熔炼、电解的方法或与脱铜、脱硒后的铜阳极泥混合处理。

我国主要大型有色冶炼厂以火法冶金作为骨干流程，对冶金生产过程进行分组、计划、指挥、协调和控制管理。冶炼生产多在高温、高压、有毒、腐蚀等环境下进行，为确保操作人员和设备的安全，必须特别注意安全防护措施的落实，努力提高机械化和自动化水平。冶金工业也是污染最严重的行业之一，在有色金属生产中会不断地向环境排放大量的废渣、废水、废气，易于污染环境和破坏生态平衡，必须有完善的“三废”治理工程加以处理和利用。另外，生产中带来的噪声、振动、放射性和热辐射等，破坏了生态平衡，造成环境污染，也会给人民健康和生态环境带来危害。

14. 有色金属冶炼的主要危险因素有哪些？

（1）冶炼烟气中常含有腐蚀及有害气体，如二氧化硫、三氧化硫、氟氯化合物、铅蒸气、酸雾以及砷、硫化氢、烟尘等，危害人体健康，引起工业中毒和职业病，还会腐蚀冶金设备、建（构）筑物，影响农作物生长。

（2）有色冶炼工厂废水腐蚀性大，成分十分复杂，绝大多数都含有无机有毒物质，即各种重金属和氟化物、砷化物、氰化物，易引起工业中毒，影响农作物生长和造成酸碱污染。

（3）有色冶炼固体废物，包括有色金属渣、冶金废水处理渣等，通过各种途径进入地层，造成土壤污染。

（4）有色冶炼生产用的重油、柴油、粉煤等燃料储罐及输送管道，以及制氧站、锅炉、压力容器、有色冶炼烟气中常含有浓度较高的煤粉或可燃性气体，通过燃烧、分解或爆炸会引起火灾和爆炸事故。

（5）有色冶炼常见的危险化学品，如硫酸、液氧、液态二氧化碳、硫酸铜、酸、碱及分析试剂等，在突然泄漏、操作失控情况下，存在火灾、爆炸、人员中毒、窒息及灼烫等严重事故的潜在危险。

（6）作业现场伴有噪声、振动、放射性和热辐射等，会引起噪声性耳聋、放射性危害、中暑和烧烫伤。

（7）有色冶炼生产需消耗大量的原材料、燃料以及转运中间产品，交通运输需求大，易发生公路上与车辆或者行人碰撞、颠覆等事故，铁路上火车或起重吊车的相碰撞、物体打击等事故。

（8）机械、电气危害及高处作业会引起起重伤害、物体打击、高处坠落、触电等人身伤亡事故。

15. 有色金属冶炼过程中对于有毒有害气体一般规定有哪些？

（1）有色金属工业建设项目产生烟（粉）尘、二氧化硫、酸雾和其他有害气体的作业区内，应设置通风净化装置；向大气环境排放时，应符合相应的排放标准。

（2）粉状物料宜采用气力输送，料仓进料处应设泄压与收尘装置。

（3）含放射性物质且活度浓度或总活度大于清洁解控水平的有

色金属精矿，必须储存在专用的料库或料仓中。

（4）排放气载放射性物质所致的公众照射，必须符合国家规定的剂量限值要求。

（5）液氮库内必须设置事故处理设施。

（6）有色金属工业建设项目工业锅炉烟气应净化处理，净化后的烟气应达到相应的排放标准。

（7）有色金属工业建设项目工业炉窑烟气应达到排放标准。

16. 有色金属冶炼事故预防的主要技术措施包括哪些？

（1）火灾和爆炸预防与控制的主要技术措施。在有色金属冶炼生产过程中常伴随着火灾和爆炸，采取的治理措施主要有以下 4 种。

1）开展危险预知活动，凡直接接触、操作、检修煤气设备的职工，要掌握煤气设备的安全生产标准化操作要领，经考试并取得合格证后，方可上岗操作。

2）在煤气设备上动火或炉窑点火送煤气之前，必须先做气体分析。

3）架设隔栏防止灼热的金属飞溅引起火灾和爆炸。

4）在煤气设备上动火，应制定防灭火措施。对停止使用的煤气动火设备，必须清扫干净。

（2）机械伤害预防与控制的主要技术措施。

1）制定严格的设备设施运行规章制度。

2）加强职工安全素质教育和技术技能的培训。

3）提供合格的劳动防护用品。

4）严格执行信号和联络制度。

（3）触电伤害预防与控制的主要技术措施。

1）对于电缆电气设备的检修要及时认真。

2）加强职工安全素质教育和技术技能的培训。

3）提供合格的劳动防护用品。

4）严格执行信号和联络制度。

（4）冶金设备腐蚀预防与控制的主要技术措施。

1）选用优质、耐高温、耐腐蚀的设备。

2）贯彻大、中、小修和日常巡回检查制度。

3）采取防腐措施。

4）提高操作工人素质，做好设备的维护保养等工作。

17. 有色金属冶炼职业病危害预防的主要技术措施包括哪些？

（1）高温作业伤害预防与控制的主要技术措施。

1）通过体格检查，排除高血压、心脏病、肥胖和肠胃消化系统不健康的工人从事高温作业。

2）供给作业人员质量分数为 0.2% 的食盐水，并给他们补充维生素 B_1 和维生素 C。

（2）职业病预防与控制的主要技术措施。

1）加强职工安全素质教育和技术技能的培训。

2）提供合格的劳动防护用品。

3）定期对职工的身体进行健康检查。

4）提供安全卫生的劳动场所和环境。

18. 有色金属冶炼生产的主要危险源、事故类别和事故原因分别是什么？

有色金属冶炼生产包括铝、铜、铅、锌和其他稀有金属、贵重金属的冶炼和加工，其生产过程具有工艺复杂，设备设施、工序工种量多面广，交叉作业，频繁作业，危险因素多等特点。主要危险源有：高温，噪声，烟尘危害，有毒有害、易燃易爆气体和其他物质中毒、燃烧及爆炸危险，各种炉窑的运行和操作危险，高能高压设备的运行和操作危险，高处作业危险，复杂环境作业危险等。

有色金属冶炼生产的主要事故类别有机械伤害、车辆伤害、起重伤害、触电、高温及化学品导致的灼烫伤害、有毒有害气体和化学品引起的中毒和窒息、可燃气体等导致的火灾和爆炸、高处坠落事故等。

根据对以往事故的统计分析，有色金属冶炼生产安全事故的主要原因是：违章作业和不熟悉、不懂安全操作技术，工艺设备缺陷和技术设计缺陷，防护装置失效或缺陷。现场缺乏检查和指导，安全规章制度不完善或执行不严，作业环境条件不良等。

◎事故案例

某日，某矿业有限公司铅厂发生一起中毒窒息事故，造成3人死亡。该铅厂利用富氧侧吹还原炉还原氧化铅，主要产品为粗铅。当日18时45分左右，铅厂在线监测系统显示富氧侧吹还原炉的布袋除尘器入口压力突然上升，出口压力突然下降，疑似除尘器出口堵塞。10 min后4名职工先后到达布袋除尘器的收尘提升阀（用于控制收尘仓与排风机的连通状态）处进行查看，其中1人提前离开。19时15左右巡检人员在收尘提升阀处发现3人倒地，立即报警施救。事故原因为布袋除尘器内压力增大，变为正压，一氧化碳从收尘提升阀处泄漏，导致人员中毒。

烧结、球团、焦化、耐火材料生产安全知识

一、烧结和球团安全知识

19. 烧结和球团生产的一般安全要求有哪些?

（1）车间主要危险源或危险场所，应设有醒目的安全标志。安全色和安全标志应分别符合《安全色》（GB 2893—2008）和《安全标志及其使用导则》（GB 2894—2008）的规定。

（2）通道、走梯的出入口，不得位于吊车运行频繁的地段或靠近铁道，否则应设置安全防护装置。

（3）需要跨越带式输送机、链板机的部位应设置过桥，烧结面积 50 m^2 以上的烧结机应设置中间过桥。水封槽上和水沟上应设安全设施。吊装孔必须设置防护盖板或栏杆，并应设警告标志。

（4）装置、设备裸露的运转部分，应设有防护罩、防护栏杆或防护挡板。

（5）行车及布料小车等在轨道上行走的设备，两端应设有缓冲器和清轨器，轨道两端应设置电气限位器和机械安全挡。厂房内、转运站、皮带运输机通廊，均应设有洒水清扫或冲洗地面等设施。

（6）排水沟、池应设有盖板，砂泵坑四周应设置安全栏杆。

（7）直梯、斜梯、防护栏杆和平台，应分别符合《固定式钢梯及平台安全要求》（GB 4053.1—2009～GB 4053.3—2009）的有关规定；梯子踏板、平台底板、盖板及栏杆等完好、可靠；人员通过或上下时应扶稳踩牢。

（8）应建立操作牌、工作票制度，以及停送电和安全操作确认制度。

（9）应建立严格的设备使用、维护保养和检修制度。设备检修或技术改造，必须制定相应的安全技术措施。多单位、多工种在同一现场施工时，应建立现场指挥机构，协调作业。

（10）进入设备内部检修作业时，设备人孔外部要有专人监护，作业后要对人员、工具等进行清点，确认无误后方可撤离。

20. 烧结和球团生产的防火防爆安全措施主要有哪些?

（1）烧结和球团生产车间应设有完整的消防水管路系统，确保消防供水。

（2）主要的火灾危险场所，应设有与消防站直通的报警信号或电话。配电室、电缆室（电缆垂直通道）、油库和磨煤室，应设有烟雾火灾自动报警器、监视装置及灭火装置，火灾报警系统宜与强制通风系统联锁。

（3）应采取防火墙、防火门间隔和遇火能自动封闭的电缆穿线孔等建筑措施。

（4）新建、改扩建的大型烧结、球团厂的主控室，应设有集中监视和显示火警信号的装置。

（5）机头电除尘器应设有防火防爆装置。

（6）煤气加压站、油泵室、油罐区、磨煤室及煤粉罐区周围 10 m 以内，严禁明火。在上述地点动火，必须征得安全保卫部门同意，并采取有效的防护措施。

21. 烧结和球团生产中使用的动力设施的安全要求有哪些？

（1）厂内各种气体管道应架空敷设，易挥发介质的管道及绝缘电缆不得架设在热力管道之上。各燃气管道在厂入口处，应设总管切断阀。燃气管道禁止与电缆同沟敷设，并应进行强度试验及气密性试验。应有蒸汽或氮气吹扫燃气的设施，各吹扫管道上，必须设防止气体串通的装置或采取防止串通的措施。

（2）厂内使用表压超过 0.1 MPa 的油、水、煤气、蒸汽、空气和其他气体的设备和管道系统，应安装压力表、安全阀等安全装置，并应采用不同颜色的标志，以区别各种阀门处于开或闭的状态。

（3）使用煤气，应根据生产工艺和安全要求，制定高、低压煤气报警限量标准。煤气管道应设有大于煤气最大压力的水封和闸阀；蒸汽、氮气闸阀前应设放散阀，防止煤气反窜。煤气设备的检修和动火、煤气点火和停火、煤气事故处理和新工程投产验收，必须执行《工业企业煤气安全规程》（GB 6222—2005）的相关规定。

（4）厂内供水应有事故供水设施。水冷系统应按规定要求试压合格后，方可使用。水冷系统应设流量和水压监控装置，使用水压不得低于 0.1 MPa，出口水温应低于 50 ℃。

（5）最低气温在-5 ℃以下的场所，对间断供水的部件必须采取保温措施。

22. 烧结和球团生产中电气安全和照明应满足什么要求？

（1）应严格执行国家有关电气安全的规定，并参照《电业安全工作规程（发电厂和变电所电气部分）》（DL 408—91）的规定执行。

（2）产生大量蒸汽、腐蚀性气体、粉尘等的场所，应采用封闭式电气设备；有爆炸危险的气体或粉尘的作业场所，应采用防爆型电气设备。

（3）电气设备（特别是手持式电动工具）的金属外壳和电线的金属保护管，应有良好的保护接零（或接地）装置。

（4）烧结机厂房、烟囱、竖炉等，应设有避雷装置。重油、煤粉等的金属罐区，应采取防静电措施。

（5）不应带电作业。特殊情况下不能停电作业时，应按有关带电作业的安全规定执行。

（6）厂房自然采光和照明，应能确保作业人员工作和行走的安全。

（7）车间工作场所照明的选用，应遵守下列规定：

1）在有腐蚀性气体、蒸汽或特别潮湿的场所，应采用封闭式灯具和防水灯具。

2）在易受机械损伤和振动较大的场所，灯具应加保护网和采取防振措施。

3）有爆炸危险的气体或粉尘的工作场所，应采用防爆型灯具。

（8）需要使用行灯照明的场所，行灯电压一般不得超过 36 V，在潮湿的地点和金属容器内，不得超过 12 V。

23. 烧结和球团生产中对起重与运输的安全要求都有哪些？

起重机械的使用、维修和管理，应遵守《起重机械安全规程》（GB/T 6067.1—2010）和《起重机 手势信号》（GB/T 5082—2019）的规定。起重机械应标明起重吨位，必须装设卷扬限制器、行程限制器和启动、事故、超载的信号装置。严禁吊物从人员或重要设备上空通过，运行中的吊物距障碍物应在0.5 m以上。起重用钢丝绳的安全系数，应符合有关的规定。拆装吊运备件时，不应在屋面开洞或利用桁架、横梁悬挂起重设施。不应用煤气、蒸汽、水管等管道作起重设备的支架。

厂内运输应遵守《工业企业厂内铁路、道路运输安全规程》（GB 4387—2008）的规定。铁道运输车辆进入卸料作业区域和厂房时，应有灯光信号及警告标志，车速不得超过5 km/h。带式输送机应符合《带式输送机 安全规范》（GB 14784—2013）规定。严禁人员乘、钻和跨越带式输送机。

◎相关知识

起重机司机“十不吊”是指起重机司机在工作中遇到以下十种情况时不能进行起吊作业：

（1）超载或起吊物重量不清。

（2）指挥信号不清或多人指挥。

（3）捆绑、吊挂不牢或不平衡可能引起吊物滑动。

（4）起吊物上有人或浮置物。

（5）起吊物结构或零部件有影响安全工作的缺陷或损伤。

（6）遇有拉力不清的埋置物件。

（7）工作场地光线暗淡，无法看清场地情况、被吊物和指挥信号。

（8）重物棱角处与捆绑钢丝绳之间未加衬垫。

（9）歪拉斜吊重物。

（10）易燃易爆物品。

24. 从事放射作业应遵守哪些安全规程?

使用放射同位素，应遵守《电离辐射防护与辐射源安全基本标准》（GB 18871—2002）的规定。使用放射性装置的部位或处所，周围必须划定禁区，并设置放射性危险标志。使用放射性同位素的单位，必须建立和健全放射性同位素保管、领用和消耗登记等制度。放射性同位素应存放在专用的安全储存场所。从事放射性工作的人员，最大容许接受剂量当量为 0.05 Sv（希沃特）每年。受照射范围按近年最大容许剂量当量水平者，每年体检一次；低于 3/10 者，每 2~3 年体检一次；因特殊情况，一次外照射超过年最大容许剂当量或一次进入体内的放射性核素超过一年容许摄入量的 1/2 者，应及时进行体检并作必要的处理。

◎相关知识

从事接触射线或中子流的作业称为放射性作业。放射性射线对人体细胞和组织都有不同程度的伤害作用。α 射线的生物效应较大，但穿透力小，在体外不构成对人体的威胁，但若进入体内形成内照射，则对体内器官造成很大的损害。γ 射线则具有较大危害，具有较强的穿透力，即使是体外照射，也能对深部组织造成损伤。β 射线的电离作用与穿透能力居于 α、γ 射线之间。

25. 对于烧结和球团生产中产生的烟尘和噪声应如何处理?

（1）防尘。烧结和球团过程中，产生大量的粉尘、废气，危害人体健康。所有产尘设备和尘源点，应严格密闭，并设除尘系统。除尘设施的开停，应与工艺设备联锁；收集的粉尘应采用密闭运输方式，避免二次扬尘。接触粉尘人员要严格按要求佩戴防尘口罩、眼罩等个人防护用品。

（2）噪声防治。烧结厂、球团厂的噪声主要来源于高速运转的设备。这些设备主要有主风机、冷风机、通风除尘机、振动筛、锤式破碎机、四辊破碎机、磨煤机等。工作场所操作人员每天连续接触噪声的时间、接触碰撞和冲击等的脉冲噪声，应符合《工作场所有害因素职业接触限值　第2部分：物理因素》（GBZ 2.2—2007）的规定。对噪声的防治，应当采用改善和控制设备本身产生噪声的做法，即采用符合声学要求的吸、隔声与抗震结构的最佳设备设计，选用优质的材料，提高制造质量，对于超过单机噪声允许标准的设备则需要进行综合治理。达不到噪声标准的作业场所，作业人员应佩戴防护用品。

26. 烧结厂储料安全通用技术措施有哪些?

（1）原料场应有下列设施：

1）工作照明和事故照明。

2）防扬尘设施。

3）停机或遇大风紧急情况时使用的夹轨装置。

4）车辆运行的警示标志。

5）升降、回转、行走的限位装置和清轨器。

6）行走机械的主电源，采用电缆供电时应设电缆卷筒；采用滑线供电时，应设接地良好的裸线防护网，并悬挂明显的警告牌或信号灯。

7）原料场设备设施应设置防电击、雷击安全装置。

（2）原料场卸车设施和中和混匀设施的检修，应遵守下列规定：

1）检修作业区域设明显的标志和灯光信号。

2）检修作业区上空有高压线路时，应架设防护网。

3）检修期间，相关的铁道应设明显的标志和灯光信号，有关道岔应锁闭并设置路挡。

（3）原料仓库应符合下列要求：

1）堆料高度应保证抓斗吊车有足够的安全运行空间，抓斗处于上限位置时，其下沿距料面的高度不应小于0.5 m。

2）应设置挡矿墙和隔墙。

3）容易触及的移动式卸料漏矿车的裸露电源线或滑线，应设防护网，上下漏矿车处应悬挂警示牌或信号灯。

4）粉料、湿料矿槽倾角不应小于65°，块矿矿槽倾角不应小于50°。采用抓斗上料的矿槽，上部应设安全设施。

27. 烧结作业过程中应注意什么问题?

（1）烧结作业过程中新建、改扩建烧结机、圆辊给料机和反射板，应设有机械清理装置。

（2）烧结机点火之前，应进行煤气引爆试验；在烧结机燃烧器的烧嘴前面，应安装煤气紧急事故切断阀。

（3）烧结平台上严禁乱堆乱放杂物和备品备件，应根据建（构）筑物承重范围，准许存放5~10台备用台车。电梯不应运载易燃易爆物品，载人电梯不得用作检修起重工具。

（4）在台车运转过程中，严禁进入弯道和机架内检查。检查时应索取操作牌，停机，切断电源，挂上“严禁启动”标志牌，并设专人监护。更换台车必须采用专用吊具，并有专人指挥；更换挡板，添补炉箅条等作业必须停机进行。

（5）应设有自动清理台车箅条黏矿的机械装置。

（6）主抽风机室高压带电体的周围应设围栏，地面应敷设绝缘垫板。主抽风机操作室应与风机房隔离，并采取隔音和调温措施；风机及管道接头处应保持严密，防止漏气。

（7）进入大烟道之前，应切断点火器的煤气，关闭各风箱调节阀，断开抽风机的电源。进入大烟道检查或检修时，应在人孔处设专人监护，确认无人后，方可封闭各部人孔。

（8）进入单辊破碎机、热筛、带冷机和环冷机作业时，应采取可靠的安全措施，并设专人监护。

（9）烧结工艺中的燃料加工系统，其除尘设施不应使用电除尘器，应使用布袋除尘器。

28. 煤粉制备与输送应遵守哪些规定？

煤粉制备中所有设备均应采用防爆型；磨煤室周围应留有消防车通道；煤粉罐及输送煤粉的管道应有供应压缩空气的旁路设施，并应有泄爆孔，泄爆孔的朝向，应考虑泄爆时不致危及人员和设备；储煤罐停止吹煤时，煤在罐内储存的时间：烟煤不得超过 5 h，其他煤种不得超过 8 h，罐体结构应能保证煤粉从罐内完全自动流出；当控制喷吹煤粉的阀门或仪表失灵时，应能自动停止向球团焙烧炉内喷吹煤粉并报警。进入磨煤机检修时，应确定磨煤机上方是否有粘料，防止垮塌伤人。

煤粉燃烧器和煤粉输送管道之间，应设有逆止阀和自动切断阀；煤粉管道停止喷吹煤粉时，应用压缩空气吹扫管道；停止喷吹烟煤时，应用氮气吹扫；磨煤机出口的煤粉温度应低于 80 ℃，储煤罐、布袋除尘器中的煤尘，温度应低于 70 ℃，并应有温度记录和超温、超压警报装置；检查煤粉喷吹设备时，应使用铜质工具。

29. 球团生产的安全通用技术措施有哪些？

（1）各厂房平台上不应乱堆乱放杂物和备品备件，高温作业区域周边严禁堆放易燃易爆物品。

（2）应设有完整的消防给水系统，正常生产中保证消防水压力，确保消防供水。主要的火灾危险场所，应设有与消防站直通的报警信号或电话，各厂房内灭火用沙子、干粉灭火器应齐备。

（3）配料矿槽上部移动式漏矿车的走行区域，不应有人员行走，其安全设施应保持完整。粉料、湿料矿槽倾角不应小于65°，块矿矿槽倾角不应小于50°。采用抓斗上料的矿槽，上部应设安全设施。

（4）使用煤粉的设备检修时，只能用低压灯（36 V以下）。

（5）凡进入有害作业场所作业的人员，必须按规定穿戴好劳动防护用品，同时按照可能接触的有害物质种类，佩戴性能可靠的检测仪器进入作业现场，严禁患有职业禁忌证人员从事禁忌作业。

（6）产生粉尘的设备应有效密封，不得向外泄漏粉尘，如果发生粉尘外泄，作业人员必须向当班设备管理部门进行报告，并在设备运行记录中做好记录。工作区内易造成粉尘堆积的作业场所，必须及时清洗地面灰尘，防止造成二次扬尘。

二、焦化生产安全知识

30. 焦化厂有哪些基本安全要求？

（1）焦化设施的设计应保证安全可靠，对于危险作业、恶劣劳动条件作业及笨重体力劳动作业，应优先采取机械化、自动化措施。

（2）焦化主体设施、安全设施的设计和制造应有完整的技术文件，设计审查、焦化设施的验收应有使用单位的安全保卫部门参加。

（3）企业应建立火灾、爆炸和毒物逸散等重大事故的应急救援预案，并配备必要的器材与设施，定期演练。

（4）对焦化作业人员必须进行安全技术教育和操作培训，经考试合格后，方可独立工作。对焦化作业人员，每隔1~2年应进行一次职业健康体检，体检结果记入职业健康监护档案。对身患职业病、职业禁忌或过敏症，符合调离规定者，应及时调离岗位，并妥善安置。

（5）存在危险物质的场地，应设醒目的安全标志。可能泄漏或滞留有毒、有害气体而造成危险的地方，应设自动监测报警装置。较高的通行、操作和检修场所，应设平台或防护栏杆。

（6）易燃易爆或高温明火场所的作业人员禁止穿着易产生静电的服装。在易燃易爆场所，禁止使用易产生火花的工具。禁止使用轻油、洗油、苯类等易挥发可燃蒸气的液体或有毒液体擦拭设备、用具、衣物及地面。

31. 焦化厂厂房建筑应符合什么要求？

（1）焦化生产的火灾危险性应根据生产中使用或产生的物质性质及其数量等因素，分为甲、乙、丙、丁、戊类，并应符合有关规定。

（2）易燃与可燃性物质生产厂房或库房的门窗应向外开。油库泵房靠储槽一侧不应设门窗。容易积存可燃性粉尘的厂房、带式输送机通廊的内表面应平整、易于清扫。

（3）安全出入口（疏散门）不应采用侧位门（库房除外），严禁采用转门。厂房、梯子的出入口和人行道，不宜正对车辆、设备运行频繁的地点，否则应设防护装置或悬挂醒目的警示标志。生产区域必须设安全通道，安全通道净宽不应小于 1 m，仅通向一个操作点或设备的不应小于 0.8 m，局部特殊情况不应小于 0.6 m。

（4）有爆炸危险的甲、乙类厂房，宜采用敞开或半敞开式建筑，必须采用封闭式建筑时，应采取强制通风换气措施。

32. 焦化厂哪些场所应设置消防灭火设施？

（1）粗苯生产、粗苯加工和焦油加工等主要火灾危险场所，应有直通消防站的报警信号或电话，并应有灭火设施。

（2）粗苯、精苯储槽区应设固定式或半固定式泡沫灭火设施，槽区周围应有消防给水设施。

（3）粗苯和精苯的洗涤室、蒸馏室、原料泵房、产品泵房、装桶间，精萘、工业萘、萘酐及焦油泵房，精萘和工业萘的转鼓结晶机室、吡啶储槽室、装桶间，均应设固定式或半固定式蒸汽灭火设施。

（4）管式炉炉膛及回弯头箱，萘酐生产中的汽化器、氧化器、薄壁冷却器，应设固定式蒸汽灭火设施。

（5）二甲酚、蒽、沥青、酚油等闪点大于 120 ℃的可燃液体储槽或其他设备和管道易泄漏着火地点，应设半固定式蒸汽灭火设施。

33. 焦化厂防火防爆安全技术主要有哪些？

（1）爆炸危险环境区域划分应根据释放源的种类和性质确定，其中室内爆炸危险环境区域划分如表 2-1 所示。

表 2-1　　　　　室内爆炸危险环境区域划分

车间	区域	划分
炼焦	焦炉地下室、机焦两侧烟道走廊（仅侧喷式）、变送器室	1 区
	集气管直接式仪表室、炉间台和炉端台底层	2 区
煤气净化	煤气鼓风机（或加压机）室、萃取剂为轻苯或粗苯脱酚溶剂泵房、苯类产品及回流泵房、轻吡啶生产装置的室内部分、精脱硫装置高架脱硫塔（箱）下室内部分	1 区
	脱酸蒸氨泵房、氨压缩机房、氨硫系统尾气洗涤泵房，煤气水封室	2 区
	硫黄排放冷却室、硫结片室、硫黄包装及仓库	11 区
苯精制	蒸馏泵房、硫酸洗涤泵房、加氢泵房、加氢循环气体压缩机房、油库泵房	1 区
	古马隆树脂馏分蒸馏闪蒸厂房	2 区
	古马隆树脂制片及包装厂房	11 区
焦油加工	吡啶精制泵房、吡啶蒸馏真空泵房、吡啶产品装桶和仓库、酚产品装桶间的装桶口	1 区
	工业萘蒸馏泵房、单独布置的萘结晶室，酚产品泵房、酚蒸馏真空系房、萘精制泵房、萘洗涤室、酚产品装桶间和仓库	2 区
	萘结片室，萘包装间及仓库（含一起布置的萘结晶室）、精蒽包装间及仓库、蒽醌主厂房、蒽醌包装间及仓库、萘酐冷却成型室及仓库	11 区
甲醇	压缩厂房、甲醇合成（泵房）、甲醇精馏（泵房）、罐区（泵房）	2 区

（2）无法得到规定的防火防爆等级设备而采用代用设备时，应采取有效的防火防爆措施。变、配电所不应设置在甲、乙类厂房内或贴邻建造，且不应设置在爆炸性气体、粉尘环境的危险区域内。供甲、乙类厂房专用的 10 kV 及以下的变、配电所，当采用无门窗洞口的防火墙隔开时，可一面贴邻建造，并应符合现行国家标准的有关规

定。乙类厂房的配电所必须在防火墙上开窗时，应设置密封固定的甲级防火窗。

（3）架空电线严禁跨越爆炸和火灾危险场所。爆炸和火灾危险场所不宜采用电缆沟配线，若需设电缆沟，则应采取防止可燃气体，易燃、可燃液体或酸、碱等物质漏入电缆沟的措施。装置内的电缆沟，应有防止可燃气体积聚或含有可燃液体的污水进入沟内的措施。电缆沟通入变配电室、控制室的墙洞处，应填实、密封。电缆等可燃物与热力管线等发热体应保持适当的安全距离，避免热辐射引起自燃。因故无法做到的，应采取预防措施。

（4）当爆炸和火灾危险场所设检修电源时，检修电源应为满足环境危险介质要求的防爆电源。

（5）对易受外部影响着火的电缆密集场所或可能着火蔓延而酿成事故的电缆回路，可采取以下防火阻燃措施：

1）电缆穿过竖井、墙壁、楼板或进入电气盘、柜的孔洞处，用防火堵料密实封堵。

2）在重要的电缆沟和隧道中，按要求分段或用软质耐火材料设置阻火墙。

3）对主要回路的电缆，可单独敷设于专门的沟道中或耐火封闭槽盒内，或对其施加防火涂料、防火包带。

4）在电力电缆接头两侧及相邻电缆 2~3 m 长的区段施加防火涂料或防火包带。

◎事故案例

某年 8 月 5 日夜晚，某焦化厂苯酐车间道生加热炉发生爆炸。自重 5 000 千克的炉体摆脱了管道的连接阻力，腾空飞出 500 多米，爆炸处燃起大火，车间厂房被摧毁，4 名操作工被当场炸死，2 名操作工重度烧伤，其中1人经抢救无效死亡。直接经济损失32万余元。

事故原因分析：该厂苯酐车间道生加热炉一直作为常压设备使用和管理，炉上仅装一只压力为0.6 MPa的压力表，没有安全阀，没有超温超压报警器。之前曾发生过超压现象，但未引起重视。8月5日，由于天气炎热，加之2名操作工白天未休息好，1名躺在凳子上睡觉，另1人离岗闲聊，致使炉子超温超压未被察觉而发生爆炸。

34. 焦化厂应做好哪些防触电措施?

（1）设备的电气控制箱和配电盘前后的地板应铺设绝缘板。变、配电室，应备有绝缘手套、绝缘鞋和绝缘杆等。

（2）滑触线高度不宜小于3.5 m，当低于3.5 m时，其下部应设防护网，防护网应良好接地。车辆上配电室的人行道净宽不宜小于0.8 m。裸露导体布置于人行道上部且离地面高度小于2.2 m时，其下部应有隔板，隔板离地不应小于1.9 m。

（3）电气设备（特别是手持电动工具）的金属外壳和电线的金属保护管，应与PE线或PEN线相连接，手持电动工具应有漏电保护。电动车辆的轨道应重复接地，轨道接头应用跨条连接。

（4）行灯电压不应大于36 V，在金属容器内或潮湿场所，则电压不应大于12 V。

35. 备煤的主要危险有害因素有哪些?

为给焦炉提供数量充足、质量合格的煤料，备煤车间通常建有煤的受卸、储存、配合、粉碎、输送等工序和设施。寒冷地区还需设置解冻库和破冻块装置。为扩大炼焦资源，改善焦炭质量，节能降耗，有的企业采用了煤调湿、成型煤、风选粉碎等煤预处理技术。

备煤的主要危险有害因素有以下 6 个方面。

（1）机械伤害。备煤生产过程中使用的主要设备中既有移动设备，也有转动设备，可能发生碰撞、夹挤、缠绕、碾压、抛射等机械伤害。

（2）火灾与爆炸。煤容易发生自燃，会造成煤堆火灾事故。煤粉具有爆炸性，当在空气中达到一定浓度时，在激发能源作用下会引起爆炸，并且可能引起二次爆炸事故。

（3）坍塌。露天煤场煤堆过高，在处理煤仓、斗槽、煤塔蓬煤，清理仓壁积煤等作业时，可能发生煤料坍塌伤人事故。

（4）车辆伤害。运煤车辆可能造成车辆伤害，露天煤场需要推土机、装载车配合作业，煤堆较高时也可能发生车辆伤害事故。

（5）电气伤害。备煤系统供配电设施、用电设备由于环境条件不良，容易发生电气事故，电气设备检修时也可能造成触电事故。

（6）高处坠落。在煤塔、斗槽、储煤仓、带式输送机转运站、堆取料机等高处作业、检修，可能造成高处坠落事故。

36. 带式输送机应有哪些安全装置？使用带式输送机运煤时应注意什么？

（1）带式输送机安全装置。

1）具有输送带打滑、跑偏及溜槽堵塞探测器。

2）具有机头、机尾自动清扫装置。

3）具有倾斜输送带的防逆转装置。

4）带式输送机至机头、机尾应安装紧急停机装置（两侧通行时，两侧均应安装）。

5）自动调整跑偏装置。

（2）使用带式输送机时的注意事项：带式输送机通廊两侧的人行通道，净宽不应小于0.8 m，如系单侧人行通横道，则不应小于1.3 m。人行通道上不应设置入口或敷设蒸汽管、水管等妨碍行走的管线，带式输送机通廊不应采用可燃材料建筑；沿带式输送机走向每隔50~100 m，应设一个横跨带式输送机的过桥；带式输送机侧面的人行道，其倾角大于6°的，应有防滑措施，大于12°的，应设踏步；输送机宜加罩，在经常有人操作的地方，应设置钢制挡板；带式输送机支架的高度，应使输送带最低点距离地面不小于400 mm，其传动装置、机头、机尾和机架等与墙壁的距离，不应小于1 m，机头、机尾和拉紧装置应有防护设施。

37. 焦炉机械有哪些？有何安全要求？

焦炉机械主要包括推焦机、拦焦机、电机车、装煤车等。

（1）推焦机、拦焦机、电机车、装煤车开车前必须发出音响信号，行车时严禁上、下车，除行走外，焦炉机械的各单元操作应实现程序控制。

（2）推焦机、拦焦机和电机车之间，应有通话、信号联系和联锁，并应严格按信号逻辑关系操作，不应擅自解除联锁。推焦机、装煤车和电机车应设压缩空气压力超限时空压机自动停转的联锁。司机室内，应设置风压表及风压极限声光信号。推焦机的走行装置应与启闭炉门装置及推焦、平煤等操作设置联锁。

（3）装煤车的走行装置应与螺旋给料、启闭炉盖、升降导套、集尘干管对接阀启闭装置及倒焦机构等设置联锁；拦焦机的走行装置应与启闭炉门装置、集尘干管对接阀启闭装置及煤塔受煤操作等装置设置联锁；捣固装煤推焦机的走行装置应与送煤装置、推焦装置以及启闭炉门装置等设置联锁；导烟除尘车的走行装置与启闭炉盖、集尘干管对接阀启闭装置等设置联锁。

（4）推焦机和拦焦机宜设置清扫炉门、炉框以及清理炉头尾焦的设备。推焦中途因故中断推焦时，电机车和拦焦机司机未经许可，不应把车开离接焦位置。拦焦机的两条主要走行轨道均设在焦炉侧操作台上时，拦焦机和焦炉炉柱上应分别设置安全挡和导轨。

（5）电机车司机室应设置指示车门关严的信号装置。司机室内，应铺绝缘板。

38. 湿法熄焦与干法熄焦各应符合什么安全要求?

（1）湿法熄焦的安全要求。

1）粉焦沉淀池周围应设置防护栏杆，水沟应设置盖板。

2）凉焦台应设置水管。

3）不应使用未经二级（生物）处理的酚水熄焦。

4）粉焦抓斗司机室宜设在旁侧或采用遥控操作方式。

（2）干法熄焦应符合下列规定。

1）应保证干熄焦装置整个系统的严密性。投产前和大修后均应进行系统气密性试验。

2）干熄焦锅炉及其附件的设计、制造、施工、验收、检测及检修均应符合《特种设备安全法》《特种设备安全监察条例》的规定。

3）干熄焦排出装置区域应通风良好，干熄焦排出装置的振动给料器及旋转密封阀周围，应设置一氧化碳和氧气浓度的检测、声光报警装置；干熄焦排出装置的排焦溜槽及运焦带式输送机位于地下时，排焦溜槽周围及运焦通廊的地下部分，应设置一氧化碳和氧气浓度的检测、声光报警装置。

4）干熄焦装置最高处，应设置风向仪和风速计。风速大于 20 m/s 时，起重机应停止作业。起重机轨道两端应设置固定装置。横移牵引装置、起重机和装入装置等应设置限位和位置检测装置，横移牵引装置和起重机还应设置速度检测装置。

5）干熄焦气体循环系统的锅炉出口和二次除尘器上部，应设置防爆装置。干熄焦装置应设置循环气体成分自动分析仪，对一氧化碳、氢和氧含量进行分析记录。

6）进入干熄焦锅炉、排出装置和循环系统内检查或作业前，应关闭放射源快门，进行系统内气体置换和放射源浓度、气体成分检测。进入人员应携带一氧化碳和氧气浓度检测仪器和与外部联络的通信工具。

7）运行中检修排出装置时，应戴防毒面具或空气呼吸器。不应在防爆孔和循环气体放散口附近停留。应保证干熄焦所有联锁装置处于正常工作状态。干熄焦起重机应采用可靠的制动装置。对钩吊车的钢丝绳的检修和更换应严格执行相关规定。

39. 焦处理有哪些安全要求?

（1）筛焦楼下铁路运焦车辆进出口，应设声光报警器。

（2）敞开式的带式运输机通廊两侧，应设防止焦炭掉下的围栏。

（3）运焦输送带应为耐热输送带，输送带上宜设红焦探测器、自动洒水装置及输送带纵裂检测器。

（4）不应向输送带上放红焦。

（5）进入布袋除尘器检查和清扫时应断电，检测氧含量，并设专人监护。

40. 焦化生产中的检修工作有哪些安全要求?

(1) 在易燃易爆区不宜动火，设备需要动火检修时，应尽量移到动火区进行。

(2) 易燃易爆气体和甲、乙、丙类液体的设备、管道和容器动火，应先办动火证。动火前，应与其他设备、管道可靠隔断，清除置换合格。

(3) 在有毒物质的设备、管道和容器内检修时，应可靠地切断物料进出口。监护人不应少于 2 人，应备好防毒面具和防护用品，检修人员应熟悉防毒面具的性能和使用方法。

(4) 设备内照明电压应小于等于 36 V，在潮湿容器、狭小容器内作业应小于或等于 12 V。对易燃、易爆或易中毒物质的设备动火或进入内部工作时，监护人不应少于 2 人。

(5) 安全分析取样时间不应早于工作前半小时，工作中应每 2 小时重新分析一次，工作中断半小时以上也应重新分析。

(6) 焦炉煤气设备和管道打开之前，应用蒸汽、氮气或烟气进行吹扫和置换，检测合格后，再拆开时应用水润湿并清除可燃渣。

(7) 检修由鼓风机负压系统保持负压的设备时，应预先把通向鼓风机的管线堵上盲板。检修操作温度等于或高于物料自燃点的密闭设备，不应在停止生产后立即打开大盖或人孔盖。

(8) 用蒸汽清扫可能积存有硫化物的塔器后，应冷却到常温方可开启，打开塔底人孔之前，应关闭塔顶油气管和放散管。

(9) 检修饱和器时，应在进出口煤气管道及其他有可能泄漏煤气处堵盲板，堵好盲板之前，不应抽出器内母液。检修液氨冷冻机时，不应用氧气吹扫堵塞的管道。转动设备的清扫、加油、检修和内部检查，均应停止设备运转，切断电源并挂上检修牌方可进行。设备和管道的截止件及配件每次检修后都应做严密性试验。

（10）各种动土作业，应对动土区域地下设施进行确认，动土中如暴露出电缆、管线以及不能辨认的物品，应立即停止作业，妥善加以保护，经确认采取措施后方可动土作业。

◎事故案例

某年4月23日，某煤焦化有限公司回收车间发生爆炸事故，造成1人死亡，3人轻伤，直接经济损失30余万元。4月23日上午，该煤焦化有限公司回收车间维修班对废氨水槽进行配管改造。在未对槽体进行内部介质置换、清洗的情况下，未按照安全操作规程办理动火证，在废氨水槽南部高约80 mm处擅自动火，割开直径57 mm的孔。动火过程至11时左右停止，当日下午2时40分左右开始焊接直径57 mm接管和法兰，在对废氨水槽进行焊接的瞬间，引起罐槽内可燃气体爆炸。废氨水槽未置换清洗，内部可燃气体积聚，达到爆炸极限，遇焊接作业的明火造成爆炸，是该起事故的主要原因。

41. 焦化作业中检修人员应注意哪些安全要求？

（1）检修人员不宜进行多层检修作业，特殊情况时，应采取层间隔离措施。高处作业应系好安全带，作业点下部应采取措施，人员不应通行和逗留，上下时手中不应持物。

（2）六级以上大风、大雪、大雾、暴雨等恶劣环境和有职业禁忌人员不应从事高处作业。高处动火应采取防止火花飞溅措施，同时应将四周易燃物清理干净。夜间维修应有足够亮度的照明。

（3）含有腐蚀性液体、气体介质的管道设备检修前，应将腐蚀性气体、液体排净、置换、冲洗，分析合格，检修时作业面应低于腿部，否则应搭设脚手架。检修现场应备有冲洗用水源。

（4）各种吊装作业前应预先在吊装现场设置安全警戒标志并设专人监护，非施工人员不应入内。

（5）焦炉热修作业时，应采取防护措施。防止工具与动力线接触造成人员触电，防止被红焦及热气烫伤或灼伤。在焦炉地下室和蓄热室区域作业时，应防止煤气中毒。

42. 冶金焦化作业的防尘防毒措施有哪些？

（1）产生粉尘、毒物的生产过程和设备，应尽量考虑机械化和自动化，加强密闭，避免直接操作，并应结合生产工艺采取通风措施。

（2）产生粉尘、毒物等有害物质的工作场所，应有冲洗地面、墙壁的设施。

（3）粉碎机室、焦炉炉体、干熄焦锅炉、筛焦楼、储焦槽、运焦系统的转运站以及熄焦塔等散发粉尘处应密闭或设除尘装置。

（4）除尘设备应同相应的工艺设备联锁，做到比工艺设备先开而后停。焦仓漏嘴的开闭宜远距离操作。

（5）生活用水管和蒸汽管，应与生产用水管和蒸汽管分开。生产中的废渣，如再生器残渣、酚吡啶残渣、精苯酸焦油渣和生化处理产生的剩余污泥等，应尽快处置，减少对岗位卫生的影响。

（6）在有毒性危害的作业环境中，应设置必要的淋洗器、洗眼器，作业人员应配备相应的个人防护用品。

43. 焦化生产中的通风安全应注意什么？

（1）多尘、散发有毒气体的厂房或甲、乙类生产厂房内的空气不应循环使用。

（2）甲、乙类生产厂房的排、送风设备，不应布置在同一通风机室内，也不应和其他房间的排、送风设备布置在一起。相互隔离的易燃易爆场所，不应使用同一套通风系统。

（3）火灾或爆炸危险场所的通风设备，应用不燃材料制成，并应有接地和清除静电的措施。

（4）含有燃烧和爆炸性粉尘的空气，应在进入排风机前进行净化。

（5）下列场所应安设自动或手动事故排风装置：

1）煤气净化车间鼓风机房。

2）苯蒸馏泵房、精苯洗涤厂房和室内库房。

3）吡啶生产厂房、库房和泵房。

（6）事故通风设施的通风换气次数不小于 12 次/h，事故排风装置的排出口，应避免对居民和行人造成影响。

44. 焦化生产如何防护焦炉高温？

（1）下列地点应有降温措施。

1）焦炉炉顶等高温环境下的工人休息室和调火工室。炼焦炉是一个内部温度达 1 300～1 350 ℃的大型高温窑炉，表面散热量较大。特别是炉顶和机焦侧操作平台等处，操作工人有相当一部分时间必须在近距离（1～2 m）、面对大面积的高温焦炭（达 1 100～1 200 ℃）或炉墙的辐射下进行作业。

2）推焦机、装煤车、拦焦机和电机车的司机室。

3）交换机工、焦台放焦工和筛焦工等的操作室。

（2）受高温烘烤的焦炉机械的司机室、电气室和机械室的顶棚、侧壁和底板应镶有不燃烧的隔热材料。

（3）必须供给高温作业人员足够的含盐清凉饮料。

（4）应用高温环境防护技术。

1）采用隔热炉盖，夏季可使炉盖表面温度降低 120~140 ℃。

2）对上升管汽化冷却，可使上升管表面温度下降约 240 ℃。

3）使用新型隔热材料，如废气盘、蓄热室封墙等，以及硅酸铝纤维隔热。

以上这些措施，不但可以降低高温对人体的危害，而且还可收到节能效果。

三、耐火材料生产安全知识

45. 耐火材料生产的基本安全要求有哪些？

（1）建（构）筑物和设备、设备和设备之间应有满足生产和检修的安全距离。

（2）楼梯或厂房出入口不应正对车辆或设备运行频繁的地方，在车辆运行频繁的地方应设保护装置并悬挂醒目的安全警示标志。

（3）自动或遥控设备的周围，应有防止非操作人员接近的防护装置和安全标志。所有危险部位均应按规定悬挂安全标志，采取必要的防护措施。

（4）人员可能触及的设备的运转部件应设防护装置。设备（或车辆）的控制器、闸、阀门应完好，操作灵敏、信号可靠。

（5）生产厂房内的人行道净宽不应小于 1 m，对于仅通向一个操作点的通道，净宽不应小于0.8 m，通道净高不应低于1.9 m。

（6）距地面2 m以上，有工作人员通过或操作的场所应设平台、走台和防护栏杆。吊装孔应设防护栏杆或盖板，人孔应设盖板。地坑应有防止人员坠落的措施。

（7）设备检修应遵守下列规定：

1）有严格的检修和维护制度。

2）设备发生故障时就立即停机检修。

3）切断电源并加锁，执行挂牌制度，并设专人监护。

（8）燃气窑炉和燃气管道的仪表室应设低压警报器，室内应设灭火装置。可能泄漏或滞留有毒、有害气体而造成危险的地方，应设自动监测报警装置。

（9）易燃易爆或高温明火场所的作业人员不应穿着化纤服装。

46. 耐火材料生产厂区布置有哪些安全要求?

（1）在江、河、湖、海沿岸的厂区，场地设计标高应按下列情况确定：不设堤防时，厂区场地设计标高应高于计算水位0.5 m以上；设堤防时，厂区场地设计标高应高于历年最高内涝水位或常年洪水位。

（2）破碎装置、竖窑、回转窑、隧道窑等产生大量粉尘、烟气和有毒有害气体的生产设施宜布置在厂区常年最小频率风向的上风侧。工厂行政办公设施、行政福利设施区应布置在厂区常年最小频率风向的下风侧，应靠近工厂的主要入口。

（3）燃料储罐应单独布置在厂区的边缘，远离明火或散发火花的地点及材料库、煤场等。厂房、仓库的防火间距，甲、乙、丙类液体、气体储罐区的防火间距，可燃、助燃气体储罐区的防火间距，可燃材料堆场的防火间距应执行有关的规定。

（4）基础荷载较大的建（构）筑物（如窑炉等），宜布置在土质均匀、地基承载力较大、地下水位较低的地段。

（5）厂区内应设置消防车道，当与生产、生活道路合用时，应满足消防车道的要求。铁路与道路平交道口处应设置声光信号和防护栏杆等。铁路高路堤或高栈桥不宜穿越厂区。

47. 耐火材料生产原料有哪些安全要求？

（1）原料堆放场的主通道净宽不应小于 3.5 m，料堆间距不应小于 1 m，并应设有安全标志。料堆边缘距铁路钢轨外侧的距离不应小于 1.5 m。铁路运输原料栈桥的受料地坪应低于轨面 1.5 m。原料仓库采用临时隔断墙时，原料堆的自然坡面与隔断墙的交点距地坪标高不应超过 1.5 m。原料库内供料槽（斗），应设置除尘设施。原料拣选的带式输送机运行速度不应大于 0.3 m/s，拣选座位应低于带面 200～300 mm，皮带两侧应加防护板。

（2）料场内同时选料人员不应少于 2 人，用机动车辆装卸时，选料人员应离开料堆。储料仓的人孔盖应严密，不应随意敞开或搬动。进入料斗或料仓作业的人员，应与有关工序的作业人员联系，悬挂醒目“禁止卸料”的警示标志，系牢安全带，并有专人监护，方准入内作业。应标明干燥筒筒体周围的危险区域，并挂警示标志。

48. 如何预防起重事故？

（1）料罐、料车轴耳的安全系数不应小于 8，磨损达原直径的 10%，应更换。吊运物件应沿规定路线移动，并高于其运行路线下方物体 0.5 m 以上，吊具不允许用于提升、支撑或吊运人员。用电力驱动的起重设备的驾驶室内应敷设绝缘板。起重设备应配备声光信号和防止脱钩的保险装置。

（2）桥式起重机的安全规定。

1）高架的露天起重机轨道外侧应安设栏杆。

2）配置固定的上机扶梯和平台。

3）不允许从一台起重机跨上另一台起重机。

4）不允许用一台起重机推撞另一台起重机。

（3）龙门起重机的安全规定。

1）两端应有坚固的钢轨刮除机（或轨道清扫器）。

2）轨道内、外侧 760 mm 内不应放置任何物件。

3）车轮、滑轮和小车轮均需安装高度不小于起重机车轮半径的减震器。

4）室内的龙门起重机应安装防撞装置。

49. 耐火材料运输时应注意什么问题?

带式输送机首轮上缘、尾轮下缘及张紧装置应有防护罩。进出料口两侧应装防护挡板。处理尾轮辊筒粘料时应停车。不允许跨越、乘坐带式输送机。

带式输送机及其运行应遵守下列规定：

（1）带式输送机及有关设施，应有按工艺要求启动或停止的顺序联锁，应集中操作、集中控制。

（2）带式输送机安全装置。

1）输送带打滑、跑偏及溜槽堵塞的探测器。

2）机头、机尾自动清扫装置。

3）倾斜输送带的防逆转装置。

4）带式输送机人行通道侧安装紧急停机装置。

5）自动调整跑偏装置。

斗式提升机上下应设限位开关。不允许进入斗式提升机的料斗或斜桥内。斜桥四周应有防护板或防护网。清理地坑时，应设置防止料斗下滑的装置。螺旋运输机、斗式提升机运行时，不允许人体的任何部位、工具、物件伸入。绞车和卷扬机应有制动装置及安全卸荷装置；操作位置与钢丝绳之间应设置超过人体身高的防护屏；作业时卷筒上的钢丝绳不应少于3圈；停止工作时，不允许将提升物料悬吊在空中。使用螺旋卸料机卸料时，开机前应发出信号，作业时车皮内不允许有人。

50. 什么是锻钩的检查？在什么情况下应及时更换锻钩？

（1）锻钩的检查就是用煤油洗净钩体，用20倍放大镜检查钩体是否有裂纹，特别要检查危险断面和螺纹退刀槽处。如发现裂纹，要停止使用，更换新钩。在危险断面处，由于钢丝绳的摩擦常常出现沟槽。按照规定，吊钩危险断面的高度磨损量达到原高度的10%时，应报废；不超过报废标准时，可以继续使用或降低载荷使用，但不允许用焊条补焊后再使用。吊钩装配部分每季至少要检修1次，并清洗润滑。装配后，锻钩应能灵活转动，定位螺栓必须锁紧。

（2）锻钩有下列情况之一时应更换：

1）用20倍放大镜可见裂纹、破口或发纹。

2）钩的危险断面磨损超过10%。

3）负荷试验产生永久变形。

4）钩尾和螺纹部分有变形及裂纹。

5）钩尾有螺纹部分与无螺纹部分的过渡角处有疲劳裂纹。

51. 耐火材料厂铺设动力管线时应注意什么要求?

(1) 车间内各类燃气、动力管线应架空敷设，并应在车间入口设总管切断阀；燃气总管应设快速切断阀和低压报警装置。

(2) 车间内架空燃气管道与其他架空管线的最小净距，应符合有关规定。

(3) 易燃、可燃液体或气体的管线不应穿过仪表室、变电室、配电室、风机室、办公室和与该线无关的生产厂房。

(4) 管道应架设在非燃烧体支架上；当沿建（构）筑物的外墙或无屋顶敷设时，该建（构）筑物应为无爆炸危险的一、二级耐火厂房。其支架上不应架设动力电缆、电线（供自身专用者除外）。燃气、燃油、煤粉管道，应设吹扫用的蒸汽或氮气接头；吹扫管线应防止气体串通，并应有防止气体倒流的阀门。

(5) 煤气助燃用的空气管线总管应安装低压报警装置。空气管末端应安装放散管及防爆薄膜。窑前燃气总管的开闭器之间和各分配管的末端应设放散管。煤粉管道转弯处避免采用法兰连接，应设置防爆阀。煤粉管道应有静电接地装置。各类动力介质管线，均应按规定进行强度试验及气密性试验。

(6) 燃气、燃油管道，应有良好的导除静电装置，管线接地电阻应不大于 10 Ω，每对法兰间总电阻应小于 0.03 Ω，所有法兰盘连接处应装设导电跨接线。不同介质的管线应涂以不同的颜色，并注明介质名称和输送方向。阀门应设功能标志，并设专人管理，定期检查维修。

52. 进行原料破碎时应注意什么事项?

破碎设备的给料块度不应大于设备的允许块度。颚式破碎机运转时，不允许用手或铁器直接处理料块。反击式破碎机运行时，不允许打开侧门。干碾机应装密闭罩，并设有吊装设施。设备运转时不允许打开维修门。给料机及其运行应遵守下列规定：

（1）不允许在运转的圆盘给料机上取样。

（2）格式给料机上部应设手动闸板，不允许在放料口处处理故障。

（3）振动给料机应与主机联锁控制。

◎相关知识

球磨机湿式细磨铝粉时应定期放气。出料时应先缓慢放气，再放料。酸洗玻璃时，氢氟酸缸不应装得过满，倒酸时应缓慢放入酸液。筛子应在密闭状态下工作，密闭罩应设有便于检修和观察的门孔。筛子压料时不允许强行启动。

53. 耐火材料成型时有哪些安全要求？

（1）成型设备应安装防止压手的安全装置。

（2）振动成型操作人员应戴消声耳塞或耳罩。模具重量大于50 kg时应设吊具。

（3）摩擦压砖机的摩擦轮周围应设安全防护平台。采用机械手时，机械手摇臂活动范围的四周应设安全围栏。

（4）液压机应有防止过载的安全装置、过滤器和其他防止污染的设施。

（5）使用静油（水）压砖机（静压机）时，应遵守下列规定：

1）放入工作件后，缸体中液面离缸口应保持180 mm。

2）介质应每天清滤，不允许使用污染的介质。

3）不允许在负压状态下启动超高压泵，静压机最高工作压力应符合设计要求。

4）静压机在升压过程中，操作人员应位于保护屏的后面，不应靠近超高压泵和高压管道。

5）静压设备应设置独立的操作控制室并配置灭火器材。

6）应定期对喷嘴、油管、接头、安全网的内、外部进行检修和无损探伤。

7）检修中更换的零部件应符合原设计的要求。

54. 耐火材料在干燥、烧成时的安全要求有哪些？

（1）干燥的安全要求。干燥车车架长度应小于底盘长度 20 mm，操作人员不允许拉车或背车。升降机运转时，不允许站人或跨越，应挡好在升降机轨道上的砖车。干燥车的轨道两端应设安全挡。停车场内，有行人通过或需要检查的两相邻车道间的净空安全距离不应小于600 mm。

（2）烧成的安全要求。半成品拣选时要站在干燥车侧面，不允许站在两车之间。选砖时不允许将干燥板拉出过长。卸砖平台与窑车的间隙处应设活动盖板。装窑时窑内两侧的砂封槽应保持密封。间歇式窑的装窑温度不应高于 65 ℃。入窑推车时，推车机的推杆上不允许乘人。窑车被顶入窑内后，推杆应回到原位。调车时，工作人员应站在窑车侧面，两辆窑车之间不允许站人。燃气窑炉和燃气管道的仪表控制室和操作工位应设固定式泄漏报警装置、低压警报器和快速切断阀，室内应设灭火装置。出窑卸车时，砖表面温度应低于 60 ℃，并采取降温措施。卸砖和出砖应按顺序从上向下，不允许抽拿。不允许硬拽粘连的砖。拿砖时应互相递接，不允许抛扔。成箱、成捆的砖码成稳固的堆垛。机械装卸时的堆垛高度不应超过 5 m，人工装卸时不应超过 1.6 m。

55. 耐火材料厂供电与电气设备有哪些安全要求？

（1）供配电。变压器室的门应加锁，在室外悬挂“高压危险”的标志牌。室外变压器四周应设有不低于 1.7 m 的围墙或栏栅。配电屏周围地面应铺设绝缘板。配电室和控制站应备有绝缘手套、绝缘笔和绝缘杆，应保持良好并定期检验，同时还应按有关规定配置消防器材。电缆通入变配电室、控制室的墙洞处及电气柜、盘的开孔部位应填实、密封。线路跳闸后，不允许强行送电，应查明原因，排除故障后方可送电。

（2）动力机械控制与信号。高压电动机的操作控制宜采用远距离控制。生产设备及辅助设备应根据工艺和安全要求进行电气联锁；联锁线上应设置启动预告信号。有远程控制的设备及长距离输送机应设机旁事故开关。参加联锁的电动机、翻板、称量装置等应设运行指示信号。干燥窑（室）的进车侧和出车侧应设置联络信号。隧道窑推车机和窑门升降装置应有行程限位保护，窑头和窑尾应设置联络信号。窑尾应设紧急停车开关。回转窑和隧道窑的鼓风机、排烟机应设事故信号。

（3）照明。自然采光不足的工作场所和夜间工作场所应有足够的照明；夜间有人、车辆通行的道路应设照明系统。易燃易爆危险场所，应采用防爆电器设备及防爆灯具。集中控制的操作室应设应急照明。拣选、成型等工段应设 36 V 检修照明。行灯电压不应超过 36 V，在潮湿处和金属容器内使用，电压不应超过 12 V。

56. 耐火材料生产中如何降低噪声危害？

应积极采取防止噪声的措施，减少噪声危害。达不到噪声标准的作业场所，作业人员应佩戴防护用品。对于生产过程和设备产生的噪声，应首先从声源上进行控制，以低噪声的工艺和设备代替高噪声的工艺和设备；如仍达不到要求，则应采用隔声、消声、吸声、隔振以及综合控制等噪声控制措施。

◎事故案例

某耐火材料厂是生产各种耐火材料和耐火制品的企业。由于生产性质的原因，厂内有球磨机、空压机、鼓风机等声压级在 91 dB（A）以上的高噪声设备 27 台，并广泛分布在厂内的主要生产区域内。其中噪声超过 100 dB（A）的设备有 13 台，少数设备的噪声最高达 106 dB（A）。这些设备不仅声压级大，而且暴露环境中操作工人数量多，一旦暴露时间长，噪声就成了直接损害职工身体健康的危害之一。

57. 耐火材料生产工艺及设备防尘要注意哪些要求?

（1）应采用机械化、密闭化、连续化生产工艺，尽量减少物料中转环节，降低物料落差，缩短物料输送距离。

（2）各产尘作业点应采用综合防尘治理措施，同一性质的生产工艺设备宜集中布置，并满足竖向或水平作业流水线的要求。

（3）生产设备的布置，应为除尘系统的合理布置提供必要的条件，并为除尘设备留出足够的检修场地。生产设备与其配套的除尘设备，应有电气联锁、延时开停装置。

（4）设备布置应便于维修、清扫。成型作业，应采用高压压砖机进行。带式输送机应设有清扫器。烧成工艺应采用隧道窑半成品干燥。

（5）油浸沥青制品作业应采用真空密封油浸工艺，并应设有通风净化设施。油浸沥青制品表面处理宜采用机械化、自动化生产工艺，并设有通风净化设施。用研磨机和切割机加工耐火砖时，应采用湿法工艺及有效的除尘措施。

炼铁安全知识

一、高炉供、装料系统安全知识

58. 原（燃）料的运入、储存、放料系统应符合哪些安全规定?

原（燃）料筛分及转运过程中的扬尘点，应设有良好的通风除尘设施。运行中的料车和平衡车不应乘人。在斜桥走梯上行走，不应靠近料车一侧。不应用料车运送氧气、乙炔或其他易燃易爆物品。斜桥下面应设有防护板或防护网，斜桥一侧应设通往炉顶的走梯。原（燃）料卸料车在矿槽、焦槽卸料区间的运行速度不应超过 1 m/s，且运行时有声光报警信号。

矿槽、料斗、中间仓、焦粉仓、矿粉仓及称量斗等的侧壁和衬板，应有不小于 50°的倾角，以保证正常漏料。

单料车的高炉料坑、料车至周围建（构）筑物的距离应大于 1.2 m；大、中型高炉料车则应大于 2.5 m。料坑上面应有装料指示灯，料坑底应设料车缓冲挡板和坡度为 1%～3%的斜坡。料坑应安装能力足够的水泵，坑内应有良好的照明及配备通风除尘设施。料坑内应设有躲避危害的安全区域。料坑应设有两个出入口，出入口不应正对称量车轨道。敞开的料坑应设围栏，上方无料仓的料坑应设防雨棚。

应制定清扫制度，清扫时不应向周围或带式输送机上乱扔杂物，同时应有防止二次扬尘的措施。

59. 原料输运时应注意哪些安全问题？

（1）卷扬机室不应采用木结构，室内应留有检修场地，应设与中控室（高炉值班室）和上料操作室（液压站）联系的电话和警报电铃，并应有良好的照明及通风设施。上料操作室（液压站）应有空调和防火设施。

（2）主卷扬机应有钢丝绳松弛保护和极限张力保护装置。料车应有行程极限、超极限双重保护装置和高速区、低速区的限速保护装置。炉顶着火危及主卷扬钢丝绳时，应使卷扬机带动钢丝绳继续运转，直至炉顶火熄灭为止。更换料车钢丝绳时，料车应固定在斜桥上，并由专人监护和联系。

（3）卷扬机运转部件，应有防护罩或栏杆，下面应留有清扫撒料的空间。

60. 采用带式输送机运输时有哪些安全规定？

（1）应有防打滑、防跑偏和防纵向撕裂的措施以及能随时停机的事故开关和事故警铃；头部应设置遇物料阻塞能自动停车的装置；首轮上缘、尾轮及拉紧装置应有防护装置；带式输送机走道沿线应设随时停车的紧急拉线开关；带式输送机通廊的安全通道，应具有足够宽度；封闭式带式输送机通廊，应根据物料及扬尘情况设除尘设备，并保证输送带与除尘设备联锁运转。

（2）带式输送机运转期间，不应进行清扫、加油和维修作业，也不应从输送带下方通过或乘坐、跨越输送带；带式输送机检修完毕，安全设施恢复原状，所有人员撤离至安全区域，并经检修和控制室操作人员双方共同检查确认无误后，方可送电，组织生产。

（3）应根据带式输送机现场的需要，每隔30~100 m设置一条人行天桥，应有防滑措施。带式输送机的通廊，应设置完整、可靠的通信联系设备和足够照明，应有灭火措施。

（4）带高压电动机的带式输送机，不应频繁启动。启动后，应等输送带运行一个循环再排料，以避免带式输送机超负荷运行，带4台高压电动机的带式输送机，若其中1台电动机脱机，其他电动机应严格按顺序启动，同时工作的电动机不应少于两台。

◎事故案例

某公司1号、3号高炉搭接工程原料输送系统2号振动筛是从国外成套引进，直接为3号高炉输送燃煤，振动筛也是一个中转站，由于还未投产，电源及其他一些仪表开关都处于关闭状态。某年7月7日，该公司工人在白天焊接时不慎将火星弹落在输送带上，造成微燃，留下隐患，在风力作用下22时20分起火。该公司一中队接“119”报警后，立即出动3辆消防车，于22时28分到达火场，22时48分火势得到控制，22时58分将火扑灭。这起火灾，使输送系统振动筛网全部烧毁，影响了该公司三期工程的进程，直接经济损失93万元。

火灾原因是安装栏杆动火作业中防火措施不到位，使高温熔渣引燃橡胶。

主要教训：违反动火规定；由于处于12.1 m高平台且四周又有钢板围住，火灾初起时不易发现；待发现起火向消防队报警时，火势已处猛烈阶段。

61. 矿槽、焦槽应符合哪些规定？在槽上及槽内工作，应遵守哪些安全规定？

矿槽、料斗、中间仓、焦粉仓、矿粉仓及称量斗等的侧壁和衬板，应有不小于50°的倾角，以保证正常漏料。衬板应定期检查、更换。焦粉仓下部的温度，宜在0 ℃以上。矿槽、焦槽上面应设有孔网不大于300 mm×300 mm的格筛。打开格筛应经批准，并采取防护措施。格筛损坏应立即修复。

在槽上及槽内工作时应符合下列规定：作业前应与槽上及槽下有关岗位人员取得联系，并索取操作牌；作业期间不得卸料；进入槽内工作，应佩戴安全带、氧气检测仪，设置警示标志；现场至少有一人监护，并配备低压安全强光灯照明；维修槽底应将槽内松动料清完，并采取安全措施方可进行；矿槽、焦槽发生棚料时，不应进入槽内捅料。

62. 采用钟式炉顶装料时有哪些安全要求？

（1）钟式炉顶工作温度不应超过500 ℃。通入大、小钟拉杆之间的密封处旋转密封间的蒸汽或氮气，其压力应超过炉顶工作压力0.1 MPa。通入大、小钟之间的蒸汽或氮气管口，不应正对拉杆及大钟壁。

（2）炉顶设备应实行电气联锁，并应保证大、小钟不能同时开启；均压及探料尺不能满足要求时，大、小钟不能自由开启；大、小钟联锁保护失灵时，不应强行开启大、小钟，应及时找出原因，组织抢修。

（3）大、小钟卷扬机的传动链条，应有防扭装置，探料尺应设零点和上部、下部极限位置。炉顶导向装置和钢结构，不应妨碍平衡杆活动。大、小钟和均压阀的每条钢丝绳安全系数不小于 8，钢丝绳应定期检查。

（4）高压高炉应有均压装置，均压管道入口不应正对大钟拉杆，管道不应有直角弯，管路最低处应安装排污阀。排污阀应定期排放。不宜使用粗煤气均压。

63. 采用无料钟炉顶装料时有哪些安全要求?

（1）炉顶温度应低于 350 ℃，水冷齿轮箱温度应不高于 70 ℃，阀门箱温度应不高于 90 ℃。料罐均压系统的均压介质，应采用（半）净高炉煤气或氮气。炉顶氮气压力应控制在合理范围，而且应大于炉顶压力 0.1 MPa。应定期检查上、下密封圈的性能，并记入技术档案。

（2）齿轮箱停水时，应立即通知有关人员检查处理，并采取措施防止煤气冲掉水封，造成大量煤气泄漏；密切监视传动齿轮箱的温度；最大限度地增加通入齿轮箱的氮气；尽量控制较低的炉顶温度。

（3）炉顶系统停氮时，应立即联系有关人员处理，并严密监视传动齿轮箱的温度和阀门箱的温度，可增大齿轮箱冷却水流量来控制水冷齿轮箱的温度。

（4）无料钟炉顶的料罐、齿轮箱等，不应有漏气现象。进入齿轮箱检修，应事先休风、点火；然后打开齿轮箱人孔，用空气置换排净残余氮气；再由专人使用仪器检验确认合格，并派专人进行监护。

二、煤粉喷吹系统安全知识

64. 煤粉喷吹系统的一般性安全要求有哪些?

（1）煤粉管道的设计及输送煤粉的速度，应保证煤粉不沉积。原煤输送系统应设除铁器和杂物筛，扬尘点应有通风除尘设施。喷吹装置应能保持连续、均匀喷吹。向高炉喷煤时，应控制喷吹罐的压力，保证喷枪出口压力比高炉热风压力高 0.05 MPa；否则，应停止喷吹。停止喷吹时，应用压缩空气吹扫管道，喷吹烟煤则应用氮气或其他惰性气体。

（2）在喷吹过程中，控制喷吹煤粉的阀门（包括调节型阀门和切断阀门）一旦失灵，应能自动停止向高炉喷吹煤粉，并及时报警。罐压、混合器出口压力与高炉热风压力的压差，应实行安全联锁控制；喷吹用气与喷吹罐压差，也应实行安全联锁。突然断电时，各阀门应能向安全方向切换。

（3）喷吹罐停喷煤粉时，无烟煤粉储存时间应不超过 12 h；烟煤粉储存时间应不超过 8 h，若罐内有氮气保护且罐内温度不高于 70 ℃，则可适当延长，但不宜超过 12 h。

（4）操作值班室应与用氮设备及管路严格分开。喷吹煤粉系统的设备、设施及室内地面、平台，应及时进行清扫或冲洗，保证设备、设施及室内地面、平台干净、无积尘。检查制粉和喷吹系统时，应将系统中的残煤吹扫干净，应使用防爆型照明灯具。检修喷吹煤粉设备、管道时，宜使用铜制工具，检修现场不应动火或产生火花。需要动火时，应征得安全保卫部门同意，并办理动火许可证，确认安全方可进行检修。煤粉制备的出口温度：烟煤不应超过 800 ℃，无烟煤不应超过 90 ℃。

65. 采用烟煤及混合煤喷吹时应注意哪些事项?

烟煤与无烟煤应分别卸入规定的原煤槽。车号、煤种、槽号均应对号，并做好记录。槽上下部位的槽号标志应明显。大块、杂物不应卸入槽内。原煤在槽内储存时间：烟煤不超过 2 天，无烟煤不超过 4 天。烟煤和无烟煤混合喷吹时，其配比应保持稳定；配比应每天测定一次，误差应不大于±5%。

制备烟煤时，干燥气体应采用惰性气体；负压系统末端气体的含氧量，不应大于 12%（体积分数）。磨制烟煤时，磨煤机出口、煤粉仓、布袋除尘器、喷吹罐等的温度应严格按设备性能参数控制；对于煤源稳定，并能严格控制干燥剂气氛和温度的制粉系统，该温度限界可根据煤种等因素确定。烟煤和混合煤喷吹系统应设置气控装置和顺序控制系统，超温、超压、含氧超标等事故报警装置，还应设置防止和消除事故的装置。

烟煤和混合煤输送和喷吹系统的充压、流化、喷吹等供气管道，均应设置逆止阀；采用压缩空气助吹、喷吹烟煤或混合煤时，应另设氮气旁通设施。喷吹烟煤和混合煤时，仓式泵、储煤罐、喷吹罐等压力容器的加压、收尘和流化的介质，应采用氮气。

66. 采用氧煤喷吹时应注意哪些安全事项?

首先，用以喷吹的氧气管道阀门及测氧仪器、仪表，应灵敏可靠。氧气管道及阀门，不应与油类及易燃易爆物质接触。喷吹前，应对氧气管道进行清扫、脱脂、除锈，并经严密性试验合格。氧煤喷吹时，应保证风口的氧气压力比热风压力高 0.05 MPa，且氮气压力不低于 0.6 MPa，否则，应停止喷吹。

其次，高炉氧气环管，应采取隔热降温措施。氧气环管下方，应备有氮气环管，作为氧煤喷吹的保护气体。氧煤枪应插入风管的固定座上，并确保不漏风。在喷吹管道周围，各类电缆（线）与氧气管交叉或并行排列时，应保持 0.5 m 的距离。煤粉制备系统，应设有氧气和一氧化碳浓度检测和报警装置。

67. 采用富氧鼓风时有哪些安全规定?

（1）富氧房应设有通风设施。高炉送氧、停氧，应事先通知富氧操作室，若遇烧穿事故，应立即处理，先停氧后减风。鼓风中含氧浓度超过 25%（体积分数）时，如发生热风炉漏风、高炉坐料及风口灌渣（焦炭），应停止送氧。

（2）供氧设备、管道以及工作人员使用的工具、防护用品，均不应有油污；使用的工具还应镀铜、脱脂。检修时宜穿戴静电防护用品，不应穿化纤服装。富氧房及院墙内不应堆放油脂和与生产无关的物品，吹氧设备周围不应动火。对氧气管道进行动火作业，应事先制定动火方案，办理动火手续，并经有关部门审批后，严格按方案实施。

（3）连接富氧鼓风处，应有逆止阀和快速自动切断阀。供氧系统及氧气流量应能远距离控制。

（4）正常送氧时，氧气压力应比冷风压力高 0.1 MPa，否则快速切断装置应有效运行，并通知制氧、输氧单位，立即停止供氧。在氧气管道中，干、湿氧气不应混送，也不应交替输送。

（5）检修供氧设备动火前，应认真检查氧气阀门，确保不泄漏，应用干燥的氮气或无油的干燥空气置换，经取样化验合格（氧的体积分数不大于23%），并经主管部门同意，方可施工。检修后和长期停用的氧气管道，应经彻底检查、吹扫，确认管内无油脂及杂物，方可启用。进入充装氧气的设备、管道、容器内检修，应切断气源，先用干燥的氮气进行置换，再用无油的干燥空气吹扫后经检测氧含量在19.5%~23%（体积分数），方可进行。

68. 如何预防煤粉喷吹系统发生火灾与爆炸事故？

高炉煤粉喷吹系统最大的危险是可能发生爆炸与火灾。喷吹系统在该区域内需要动明火时，应经安全保卫部门同意，发给动火证，并采取防火防爆措施。喷吹系统动火前，应将系统中的残煤吹扫干净。

为了保证煤粉能吹进高炉又不致使热风倒吹入喷吹系统，应视高炉风口压力确定喷吹罐压力。混合器与煤粉输送管线之间应设置逆止阀和自动切断阀。喷煤风口的支管上应安装逆止阀，由于煤粉极细，停止喷吹时，喷吹罐内、储煤罐内的储煤时间不能超过12 h。煤粉流速必须大于18 m/s。罐体内壁应光滑，曲线过渡，管道应避免有直角弯。

为了防止爆炸产生强大的破坏力，煤粉仓、储煤罐、喷吹罐、仓式泵应有泄爆孔。泄爆孔的朝向应不致危害人员及设备。喷吹时，由于炉况不好或其他原因使风口结焦，或由于煤枪与风管接触处漏风使煤枪烧坏，这两种现象的发生都能导致风管烧坏。因此，操作时应该经常检查，及早发现和处理。

三、高炉操作安全知识

69. 高炉开炉应遵守哪些安全规定?

高炉开炉工作极为重要，处理不当极易发生事故。

（1）应制定开炉方案、工作细则和安全技术措施，按制定的烘炉曲线烘炉；炉皮应有临时排气孔；带压检漏合格，并经 24 h 连续联动试车正常，方可开炉。

（2）冷风管应保持正压；除尘器、炉顶及煤气管道应通入蒸汽或氮气，以驱除残余空气；送风后，大高炉炉顶煤气压力应大于 5 kPa，中小高炉的炉顶压力应大于 3 kPa，并作煤气爆发试验，确认不会产生爆炸，方可接通煤气系统。

（3）应备好强度足够和粒度合格的开炉原、燃料，做好铁口泥包；炭砖炉缸应用黏土砖砌筑炭砖保护层，还应封严铁口泥包（不适用于高铝砖炉缸）。

70. 停炉应遵守哪些安全规定?

应制定停炉方案、工作细则和安全技术措施。停炉前应检查冷却设备的漏水情况，对损坏的、漏水的冷却器进行必要处理和更换。

停炉前，高炉与煤气系统应可靠地分隔开；采用打水法停炉时，应取下炉顶放散阀或放散管上的锥形帽；采用回收煤气空料打水法停炉时，应减轻炉顶放散阀的配重。

打水停炉降料面期间，应不断测量料面高度，或用煤气分析法测量料面高度，并避免休风；需要休风时，应先停止打水，并点燃炉顶煤气；打水停炉降料面时，不应开大钟或上、下密封阀；大钟和上、下密封阀不应有积水；煤气中二氧化碳、氧和氢气的浓度，应至少每小时分析一次，氢浓度不应超过6%（体积分数）。

炉顶应设置供水能力足够的水泵，钟式炉顶温度应控制低于500 ℃，无料钟炉顶温度应控制在低于350 ℃；炉顶打水应采用均匀水滴状和雾状喷水，应防止顺炉墙流水引起炉墙塌落；打水时，风口周围和风口以上各层平台都不应有人。

大、中修高炉，料面降至风口水平面即可休风停炉；大修高炉，应指定专人负责放残铁程序的实施，应在较安全的位置（炉底或炉缸水温差较大处）开残铁口眼，并放尽残铁；严禁拆冷却壁放残铁；放残铁之前，应设置作业平台，清除炉基周围的积水，保持地面干燥。

71. 休风有哪些安全要求？

休风前，应事先同燃气、氧气、鼓风、热风和喷吹等部门和岗位联系，征得燃气部门同意，方可休风；炉顶及除尘器，应通入足够的蒸汽或氮气；切断煤气之后，炉顶、除尘器和煤气管道均应保持正压；炉顶放散阀应保持全开。

正常生产时休风（或坐料），应在渣、铁出净后进行，非工作人员应离开风口周围，休风之前如遇悬料，应处理完毕再休风；长期休风应进行炉顶点火，并保持长明火；长期休风或检修除尘器、煤气管道，应用蒸汽或氮气驱赶残余煤气；因事故紧急休风时，应在紧急处理事故的同时，迅速通知燃气、氧气、鼓风、热风、喷吹等部门和岗位采取相应的紧急措施。

休风期间，除尘器不应清灰；有计划的休风，应事前将除尘器的积灰清尽；休风前及休风期间，应检查冷却设备，如有损坏应及时更换或采取有效措施，防止漏水入炉；休风期间或短期休风之后，不应停鼓风机或关闭风机出口风门，冷风管道应保持正压；如需停风机，应事先堵严风口，休风超过 24 h 以上，应卸下部分直吹管。

休风检修完毕，应经休风负责人同意，方可送风。

◎相关知识

按休风时间长短和休风后要进行的工作，休风分为短期休风、倒流休风、长期休风和紧急休风 4 种。

（1）短期休风：临时检修设备或外部条件变化高炉需暂时停产时采用。

（2）倒流休风：休风后通过高炉各风口将炉内残余煤气抽走的短期休风。更换风口、渣口或其他某种需要时，为避免炉内残余煤气外喷妨碍工作时采用此种方法。

（3）长期休风：检修设备需要较长时间或者检修炉顶及煤气清洗系统需要将该高炉煤气系统的煤气清除时采用。

（4）紧急休风：高炉突然发生事故时为防事故扩大进行的即时休风。操作程序与短期休风相同。但放风降压的快慢需视具体情况而定，以损失最小为原则。

72. 发生停电、停水事故时，应采取哪些措施?

（1）停电时应采取的措施。高炉生产系统（包括鼓风机等）全部停电，应按紧急休风程序处理；煤气系统停电，应立即减风，同时立即出净渣、铁，防止高炉发生灌渣、烧穿等事故；若煤气系统停电时间较长，则应根据煤气厂（车间）要求休风或切断煤气；炉顶系统停电时，高炉工长应酌情立即减风降压直至休风（先出铁、后休风）；严密监视炉顶温度，通过减风、打水、通氮或通蒸汽等手段，将炉顶温度控制在规定范围以内；立即联系有关人员尽快排除故障，及时恢复送风，恢复时应调整风量与料线的关系；发生停电事故时，应将电源闸刀断开，挂上停电牌；恢复供电，应确认线路上无人工作并取下停电牌，方可按操作规程送电。

（2）停水时应采取的措施。当冷却水压和风口进水端水压小于正常值时，应减风降压，停止放渣，立即组织出铁，并查明原因；水压继续降低以致有停水危险时，应立即组织休风，并将全部风口用泥堵死；如风口、渣口冒汽，应设法灌水，或外部打水，避免烧干；应及时组织更换被烧坏的设备；关小各进水阀门，通水时由小到大，避免冷却设备急冷或猛然产生大量蒸汽而炸裂；待逐步送水正常，经检查后送风。

73. 对于高炉冷却系统，应注意哪些安全问题？

高炉各区域的冷却水温度，应根据热负荷进行控制；各冷却部位的水温差及水压，应每 2 h 至少检查 1 次，发现异常，应及时处理，并做好记录；发现炉缸以下温差升高，应加强检查和监测，并采取措施直至休风，防止炉缸烧穿。

风口、风口二套、热风阀（含倒流阀）的破损检查，应先倒换工业水，然后进行常规“闭水量”检查；确认风口破损，应尽快减控水或更换风口；倒换工业水的供水压力，应高于风压 0.05 MPa；应按顺序倒换工业水，防止断水。

高炉外壳开裂和冷却器烧坏，应及时处理，必要时可以减风或休风进行处理；高炉冷却器大面积损坏时，应先在外部打水，防止烧穿炉壳，然后酌情减风或休风；应定期清洗冷却器，发现冷却器排水受阻，应及时进行清洗。确认直吹管焊缝开裂，应控制直吹管进出水端球阀，接通工业水管喷淋冷却；炉底水冷管破损检查，应严格按操作程序进行；炉底水冷管（非烧穿原因）破损，应采取特殊方法处理，并全面采取安全措施，防止事故发生。

大修前，应组成以生产厂长（或总工程师）为首的炉基鉴定小组对炉基进行全面检查，并做好检查记录；鉴定结果应签字存档。大、中修以后，炉底及炉体部分的热电耦，应在送风前校验。

74. 软水闭路循环冷却系统，应遵守哪些安全规定？

根据高炉冷却器、炉底水冷管、风口和热风阀等处合理的热负荷，决定水流量及水温差。高炉冷却器和炉底水冷管进出水的温差和热负荷超过正常冷却制度的规定范围时，应采取有效的安全措施，并加强水温差和热负荷的检测；特殊炉况下，经主管领导批准，可适当调整高炉软水冷却系统的冷却参数。

冷却器的破损检漏和处理，如果上下同时作业，应各派专人监护，安全装备应齐全可靠，严防煤气中毒；风口出水端未转换开路时，不应用进水端阀门进行“闭水量”检查，防止风口两端供回水压力相等，导致风口水流速为零而发生烧穿事故。

应设置软水循环系统备用水泵和备用水泵故障应急装备设施及处置程序，并严格执行。

75. 如何防止在高炉维护过程中发生煤气中毒与爆炸事故？

高炉生产是连续进行的，任何非计划休风都属于事故。因此，应加强设备的检修工作，尽量缩短休风时间，保证高炉正常生产。

为防止在高炉维护过程中发生煤气中毒与爆炸，应注意以下几点。

（1）在一、二类煤气作业前必须通知煤气防护站的人员，并要求至少有2人以上进行作业。在一类煤气作业前还须进行空气中一氧化碳含量的检验，配备便携式一氧化碳报警仪，并佩戴氧气呼吸器。

（2）在煤气管道上动火时，须先办理动火作业证，并做好防范措施。

（3）进入容器作业时，应首先检查空气中一氧化碳的浓度；作业时，除要求通风良好外，还要求容器外有专人进行监护。

◎相关知识

煤气作业类别可分为以下三类。

（1）一类煤气作业：风口平台、渣铁口区域、除尘器卸灰平台及热风炉周围，检查大小钟、溜槽，更换探尺，炉身打眼，炉身外焊接水槽，焊补炉皮，焊、割冷却器，检查冷却水管泄漏，疏通上升管，煤气取样，处理炉顶阀门、炉顶人孔、炉喉人孔、除尘器人孔、料罐、齿轮箱，抽堵煤气管道盲板、煤气设备、管道冷凝水排水口以及其他带煤气的维修作业。

（2）二类煤气作业：炉顶清灰、加（注）油，休风后焊补大小钟，更换密封阀胶圈，检修时往炉顶或炉身运送设备及工具，休风时炉喉点火，水封的放水，检修上升管和下降管，检修热风炉炉顶及燃烧器，在斜桥或上料带式输送机通廊上部、出铁场屋顶、炉身平台、煤气除尘器上面和煤粉制备干燥炉周围作业。

（3）三类煤气作业：其他可能有煤气地点的作业。

炼铁企业可根据实际情况对分类作适当调整。

76. 炉顶系统的主要设备应采取哪些安全联锁措施？

探尺提升到上部极限位置，且溜槽已启动，下密封阀和下料闸（料流调节阀）才能开启；停止布料后，探尺才能下降；探尺手动提起检查时，不应布料，下密封阀不应开启；高炉发出坐料信号，探尺自动提升，下密封阀不启动；探尺提升不到位，布料溜槽不应倾动布料。

上密封阀开启后，上料闸方可开启；上罐向下罐装料完毕（即得到上罐料空信号后）上料闸方可关闭。上密封阀开启条件：均压放散阀已开启，下罐内外压差达到规定值；按料批程序向该罐装料且罐内前一批料已卸完；料流调节阀、下密封阀已关闭。上密封阀关闭条件：料罐已发出料满信号；上料闸已关闭。

下密封阀开启条件：得到布料信号，探尺已提升至上极限位置；罐内外压差已达到规定值，且均压阀已关闭。下密封阀关闭条件：下料闸（料流调节阀）已关闭。

下料闸（料流调节阀）开启条件：对应的下密封阀已打开；溜槽转到布料角；探尺已提升到位，料流调节阀已开启。下料闸（料流调节阀）关闭条件：按程序布料完毕（即下罐料空）进行全开延时和关闭。

均压放散阀开启条件：下罐料空，下密封阀已关闭；其他条件符合设计要求。均压放散阀关闭条件：下密封阀、上料闸、上密封阀已关闭。均压阀开启条件：上密封阀、均压放散阀关闭。均压阀关闭条件：罐内与炉内压差达到规定值（或已开启到设定时间）。

77. 导致高炉炉况失常的原因有哪些？

（1）基本操作制度不相适应。送风制度、装料制度、热制度和造渣制度不相适应，将破坏高炉的顺行，使炉况失常。

（2）原、燃料的物理、化学性质发生大的波动，尤其是这种波动不为操作人员所得知，影响就更为严重。此种类型的失常是经常性的，只有按精料方针加强原、燃料入炉前的准备与处理，才能根本解决问题。

（3）分析与判断的失误，导致调整方向的错误。同一种失常征兆，其发展方向和程度，往往不易把握，所以分析问题要把握住本质，防止做出错误的判断，导致操作失误，造成严重后果。操作失误包括对炉况发展方向、发展程度的判断不够正确与及时。这类失误往往是由操作者的操作水平、工作责任心等主观因素造成的，属于经常性的主观因素。只有加强技术培训，提高操作水平，严格按高炉操作标准操作，才可逐渐减少失误。

（4）事故。包括设备事故与有关环节的误操作两个方面。这类事故来得突然，带有偶然性。消除这类事故在于加强管理，制定切实可行的规章制度和操作规程，并严格执行。

78. 防止高炉炉况失常的应急措施有哪些?

高炉炉况稳定是高炉日常操作维护的重点，对于炉况失常，应采用果断到位的措施，防止问题出现。具体包括以下几点。

（1）休风、减风次数多，慢风率高。送风不稳时，处理措施为：先恢复炉缸工作，风量适宜使碱度保持下限，炉温适宜，采取喷吹渣铁口方式，活跃炉缸。长期休风应采取的措施为：临时性堵风口、增加出铁次数、大喷渣铁口、适宜焦炭负荷等调剂手段。

（2）亏料线作业。高炉长期亏料线作业，会影响到高炉煤气流的合理分布和炉料的有序热交换，容易导致炉凉事故及悬、崩料事故出现，应采取相应的减风和加焦等措施，降低冶炼的节奏和进程，并采取相应的调剂手段，防止炉凉。

（3）连续崩料。高炉崩料容易导致渣壳脱落，高炉操作者应及时减风来抑制崩料，并关注风口状态；若炉凉引起崩料应及时补充足够的焦炭，同时改善煤气流。

（4）连续低温。当炉温采用低于下限炉温时，若调剂不及时容易导致炉凉事故、炉缸冻结、高炉结瘤等，应采取相应措施，并规范化操作。

（5）变料次数多。当变料次数多时，应策划好用料结构，争取稳定配料结构，减少变料次数，稳定高炉焦炭负荷，确保炉况长期处于稳定顺行状态。

（6）顶温过高。炉顶温度过高，会导致下部空间小，下料速度慢，探尺呆滞等，应采取切断煤气等操作手段，防止烧损炉顶设备和布袋除尘系统。

（7）高炉炉凉。高炉炉凉时一定要看住炉前工作，增加出铁次数，长时间大喷渣铁口，必须将凉渣、凉铁喷净。当高炉出现多种事故时，应尽可能优先处理炉凉事故。

四、出铁、出渣安全知识

79. 炉前出铁场应有哪些安全防护设施？

炉前出铁场应设防雨棚，渣口和渣、铁罐上面应设防雨棚和排烟罩。屋面无清灰装置时，其倾角宜不小于10°；有清灰装置时，屋面坡度可适当降低，但应满足相关要求。

渣、铁沟应有供横跨用的活动小桥或盖板。撇渣器上应设防护罩，渣口正前方应设挡渣墙。禁止跨越主沟，人员不应跨越渣、铁沟，必要时应从横跨小桥通过或从渣、铁沟设置的盖板上通过。铁沟、渣沟及水冲渣沟，应设活动封盖，渣沟和渣罐上面应设排烟罩。

高炉主铁沟的坡度应大于5%（采用浇注料内衬的储铁式主沟可不受此限）。一般中型高炉主铁沟的净断面，宜为0.7~0.9 m^2；大型高炉主铁沟的净断面，宜不小于1.3 m^2。渣口前的主渣沟坡度宜为15%~20%，其他渣沟坡度应大于5%，直线长度不应小于4 m。渣、铁沟均不宜直角转弯，转弯半径宜选2.5~3.0 m。

高炉出铁场应设置通风除尘设施，在除铁口、撇渣器、渣铁沟、摆动溜嘴及炉顶上料输送带头部等，应采用密闭式吸风罩进行抽风。出铁场平台应经常清除铁瘤和清扫灰尘。

配电室电气设备应定期清洁，保持接触良好；地面应铺垫胶皮，不应用水冲洗，并应配备消防器材。炉前应建有条件齐备的工人休息室。寒冷地区的高炉车间，高炉工人休息室、浴室、更衣室应建在离高炉较近的安全地点。

80. 出铁、出渣时有哪些安全规定?

出铁、出渣应实行值班工长负责制，严格按计划组织出铁、出渣。出铁、出渣前，应做好准备工作，并发出出铁、出渣或停止的声响信号；水冲渣的高炉，应先开动冲渣水泵或打开冲渣水阀门。

泥炮应由专人操作，炮泥应按规定标准配制，炮头应完整。打泥量及拔炮时间，应根据铁口状况及炮泥种类确定。未见下渣堵铁口时，应将炮头烤热，并相应增加打泥量。泥炮应有量泥标计和声响信号。清理炮头时应侧身站位。泥炮装泥或推进活塞时，不应将手放入装泥口。启动泥炮时其活动半径范围内不应有人。装泥时，不应往泥膛内打水，不应使用冻泥、稀泥和有杂物的炮泥。

应加强铁口深度、角度及泥套等日常检查与维护，并规范开口机及泥炮操作，防止造成铁口过浅。未达到规定深度的铁口出铁，应采取减风、减压措施，必要时休风并堵塞铁口上方的1~2个风口。铁口潮湿时，应烤干再出铁。处理铁口及出铁时，铁口正对面不应站人，炉前起重机应远离铁口。出铁、出渣时，不应清扫渣、铁罐轨道和在渣、铁罐上工作。铁口发生事故或泥炮失灵时，应实行减风、常压或休风，直至堵好铁口为止。

开口机应转动灵活，专人使用。出铁时，开口机应移到停机位固定，不应影响泥炮工作。开口机移动前应有声光报警，移动时回转半径内不应有人。更换开口机钻头或钻杆时，应切断动力源。通氧气用的耐高压胶管应脱脂。氧气胶管与铁管连接，应严密、牢固。氧气瓶放置地点，应远离明火，且不得正对渣口、铁口。氧气瓶的瓶帽、防震胶圈和安全阀应完好、齐全，并严防油脂污染。

渣、铁沟和撇渣器，应定期铺垫并加强日常点检、维护。活动撇渣器、活动主沟和摆动溜嘴的接头应认真铺垫，经常检查，严防漏渣、漏铁。炉前工具接触铁水之前，应烘干预热。用高炉煤气烘烤渣、铁沟时，应有明火伴烧，并采取防煤气中毒的措施。铁口、渣口应及时处理，处理前应将煤气点火燃烧，防止煤气中毒。

81. 出铁口爆炸事故的预防控制措施有哪些?

（1）每次开铁口前对铁口进行察看，看是否有水迹和常明煤气火的变化，只要有水，就必须用煤气火烤干后再出铁。

（2）在高炉新建和大修工程管理中，加强炉墙砖衬砌筑施工质量监控，保证缝隙达标，避免生产时发生缝隙渗漏铁水现象。

（3）新建高炉工程，对铁口区域捣料必须严实，烘炉应保证炉壳排气孔畅通，砖衬无蒸馏水积聚现象。

（4）加强对铁口的维护，每次拔炮后应在铁口眼中心抠出一个深 50 mm 以上的深窝，以防开口时钻头跑偏超出极限造成冷却壁破损向炉缸内漏水。炉前人员应严格控制铁口各阶段规定的标准角度，防止开铁口时超出铁口角度极限而造成铁水烧穿冷却壁和炉底大墙破损，从而避免铁口爆炸及炉缸烧穿等重大事故的发生。

82. 摆动溜嘴操作时有哪些安全要求？

接班时应认真检查以下几个方面：操作开关是否灵活，摆动机械传动部分有无异响，电机、减速机有无异响，极限是否可靠，摆动溜嘴工作层是否完好、无空洞等，发现异常应及时处理。

出铁前半小时，应认真检查摆动溜嘴的运行情况，及时处理铁沟溜嘴底部与摆动溜嘴之间的铁瘤，保证摆动溜嘴正常摆动以及撇渣器、铁沟溜嘴、摆动溜嘴、溜槽畅通。出铁前 10 min，应确认铁罐对位情况、配备方式和配罐数量。摆动溜嘴往两边的受铁罐受铁时，摆动角度应保证铁水流入铁水罐口的中心。出铁过程中过渡罐即将装满时，应提前通知有关人员联系倒罐。残铁量过多的铁罐，不应用作过渡罐，不应受铁。

每次出铁后，应及时将溜槽中的铁水倾倒干净，并将摆动溜嘴停放到规定的角度和位置；撇渣器内焖有铁水时，应投入保温材料，并及时用专用罩、网封盖好。摆动溜嘴往两边的受铁罐受铁时，摆动角度应保证铁水流入铁水罐口的中心。最后一罐铁水，不应放满。

在停电情况下进行摆动溜嘴作业，应首先断开操作电源，再合上手插头进行手动操作。

83. 渣、铁罐使用有哪些安全要求？

使用的铁水罐应烘干，非电气信号倒调渣、铁罐的炼铁厂，应建立渣、铁罐使用牌制度；无渣、铁罐使用牌，运输部门不应调运渣、铁罐，高炉不应出铁、出渣。

铁罐耳轴应锻制而成，其安全系数不应小于8；耳轴磨损超过原轴直径的10%，即应报废，每年应对耳轴作一次无损探伤检查，做好记录，并存档。不应使用凝结盖孔口直径小于罐径1/2的铁、渣罐，也不应使用轴耳开裂、内衬损坏的铁罐，重罐不应落地。不应向线路上乱丢杂物，并应及时清除挂在墙、柱和线路上的残渣，炉台下应照明良好。

应根据出铁计划，提前30 min配好渣、铁罐；应逐步做到拉走重罐后立即配空罐。渣罐使用前，应喷灰浆或用干渣垫底。渣罐内不应有积水、潮湿杂物和易燃易爆物。渣、铁罐内的最高渣、铁液面，应低于罐沿0.3 m，渣、铁罐受料时不应移动。如遇出铁晚点，或因铁口浅、涌焦等原因，造成累计铁量相差1个铁水罐的容量时，可降低顶压或改用常压出铁，并用较小的钻头开口，同时增配铁水罐。因高炉情况特殊致使渣、铁罐装载过满时，应用泥糊好铁罐嘴，并及时通知运输部门；运输应减速行驶，并由专人护送到指定地点。渣、铁重罐车的行驶速度，不应大于10 km/h；在高炉下行驶、倒调时不应大于5 km/h。

◎事故案例

某日，某钢铁公司炼铁厂铁水发生爆炸，死亡14人，直接经济损失 90 余万元。当天上午 10 时 56 分，该厂运输部 213 机车调车组前往二炼钢厂送铁水。返回时，从二炼钢厂带回三个铁水罐，其中两个空罐，一个重罐。因 7 号扳道房有关人员没有完整地把要求将此重罐送到罐铁机处理的作业计划传达到该调车组，致使该调车组误将这个重罐当成空罐送到了修罐库。修罐库负责扣罐的徐某检查不认真，未查出该重罐，就盲目指挥 75 t 吊车翻罐。由于重罐罐体重达 50 t，罐内有铁水 76 t，超过负荷 50 多 t。吊车起吊后，重罐迅速下坠，罐底坠到罐坑边缘，罐体猛然倾斜，铁水冲出，流入坑内，与坑内积水相遇立即引起爆炸。吊车司机当场死亡，在修罐库北侧墙外卸砖的 20 多名工人和炼铁厂的 2 名工人被铁水烧伤，经抢救无效死亡 13 人，部分厂房设备被炸坏。

该起事故是由于有关工作人员责任心不强，没有认真执行作业计划和操作规程，没有执行确认制，不遵守劳动纪律造成的。

84. 采用水冲渣应注意哪些事项?

水冲渣应有备用电源和备用水泵。每吨渣的用水量应符合设计要求；冲渣喷口的水压，不宜低于 0.20 MPa。

水渣沟架空部分，应有带栏杆的走台；水渣池周围应有栏杆，内壁应有扶梯。靠近炉台的水渣沟，其流嘴前应有活动护栏，或净空尺寸不大于 200 mm 的活动栏网。高炉上的干渣大块或氧气管等杂物，不应弃入冲渣沟或进入冲渣池。

出铁、出渣之前，应用电话、声光信号与水泵房联系，确保水量、水压正常。出故障时，应立即采取措施停止冲渣。

启动水泵，应事先确认水冲渣沟内无人。故障停泵，应及时报告。水冲渣时，粒化器附近不应有人。

水冲渣发生故障时，应有改向渣罐放渣或向干渣坑放渣的备用设施。

85. 转鼓渣过滤系统有哪些安全要求？

系统运转前，设备检查应达到以下要求：设备专检无异常，粒化头无堵塞，接受槽格栅无渣块，高低沟、渣闸状态合理，热水槽中无积渣，地坑内无积水和积渣，各管道阀门无泄漏，输送带运行平稳、无偏离，事故水位正常。

应在出铁前 20 min 启动系统，接到“已准备好”的信号，操作室方可启动系统。一次启动失败，不应立即连续启动。正常生产时，系统设备的运转应实行自动控制。系统运转中出现危及人身、设备安全的现象时，应立即停止系统运行，并将热渣倒入干渣坑或渣罐。

出铁时，冲渣沟、粒化器附近不应有人。出铁时所用的冲渣沟，应同时具备分流干渣的条件或其他处理炉渣的措施，拨闸分流的时间不应超过 3 min。应严密注视系统粒化水量。若发现粒化水量大幅度减少、转鼓发生故障、输送带带水严重或操作室信号出现“大警报”，应立即分流至干渣坑或渣罐，严防液态渣进入粒化系统。堵铁（渣）口 20 min 后，系统方可停止运行。系统停机后，应先停粒化供水泵动力电源，再检查和清扫粒化头、水渣沟、接受槽、粒化供水泵。

检查或更换、清扫喷嘴，应先停液压系统或电动机。检查输送带，应先停带式输送机动力电源。系统任何控制手柄处于“自动”位置时，不应检修。系统检修中如需转鼓动作，应指定专人操作。系统维护人员，不应短接系统的各种保护装置，发现设备异常或事故情况，应迅速判断和处理，防止事故扩大。记录异常现象和事故情况，并及时报告。

86. 倾翻渣罐应符合哪些安全规定？

渣罐倾翻装置应能自锁，倾翻渣罐的倾翻角度应小于116°（丝杠剩5~6扣）。

倒干渣应选好地形，防止渣壳崩落伤人。罐车应先采取止轮措施，再远距离操作翻罐。翻罐时，人员应远离罐车。

翻罐供电，应采用隐蔽插头的软电缆，并在离罐30 m以外操作开关。

罐口结壳及翻渣后罐内结壳，应使用打渣壳机和撞罐机处理。

渣中带铁较多时，不应向弃渣池倾翻。

重渣罐翻不出渣时，应待彻底凝固后再处理。

87. 铸铁机安全操作要求有哪些？

铸铁机应专人操作，启动前应显示声光信号。铸铁机运转时，应遵守下列规定：不应检修铸铁机，任何人不应搭乘运转中的链带；不应在漏斗和装铁块的车皮外侧逗留；人员应远离正在铸铁的铁口罐；倾翻罐下、翻板区域，任何人不应作业、逗留和行走；凝结盖或罐嘴堵塞的铁水罐，应处理好再翻罐。

铸铁时铁水流应均匀，炉前铸铁应使用铁口缓冲包，缓冲包在出铁前应烘干。铸模内不应有水，模耳磨损不应大于5%，不应使用开裂及内表面有缺陷的铸模。铸模内表面应均匀地喷上灰浆，并经干燥处理，方可使用。铸铁机卸铁应设置挡铁板。确认铸模内无残留铸铁且铸铁机停止运转，方可清理落在车厢外的铁块。

装运铸铁，应采用落放在平台上的开底吊斗，或者栏板高度不小于0.4 m的车厢。调运铸铁块，应有专人与铸铁机联系。

检修铸铁机，应事先取得“铸铁机操作牌”；检修完毕，铸铁机司机应收回操作牌，确认人员全部撤离、杂物已清完，并发出开车信号，方可重新开车。链带运转或非计划停机时，不应在链带下面作业或逗留。

有凝结盖的铁水罐，不应鼓盖操作；用氧烧盖时，专用胶管和钢管应不短于4 m，管接头无泄漏，防止回火。铁水罐对位、复位应准确，防止偏位和移位。

五、高炉煤气安全知识

88. 保证热风炉安全操作有哪些要求？

热风炉炉皮、热风管道、热风阀法兰烧红、开焊或有裂纹，应立即停用，及时处理。值班人员应至少每2 h检查1次热风炉。热风炉检查情况、检修计划及其执行情况均应归档。除日常检查外，应每月详细检查1次热风炉及其附件。

热风炉的平台及走道，应经常清扫，不应堆放杂物，主要操作平台应设两条通道。热风炉烟道，应留有清扫和检查用的人孔。采用地下烟道时，为防止烟道积水，应配备水泵。

热风炉煤气总管应有可靠隔断装置，煤气支管应有煤气自动切断阀，当燃烧器风机停止运转，或助燃空气切断阀关闭，或煤气压力过低时，该切断阀应能自动切断煤气，并发出警报。煤气管道应有煤气流量检测及调节装置。管道最高处和燃烧阀与煤气切断阀之间应设煤气放散管。

热风炉管道及各种阀门应严密。热风炉与鼓风机站之间、热风炉各部位之间，应有必要的安全联锁。突然停电时，阀门应向安全方向自动切换。放风阀应设在冷风管道上，可在高炉中控室或泥炮操作室旁进行操作。为监测放风情况，操作处应设有风压表。在热风炉混风调节阀之前应设切断阀，一旦高炉风压低于 0.05 MPa，应关闭混风切断阀。

热风炉应使用净煤气并通过烘炉燃烧器进行烘炉。热风炉烧炉期间，应经常观察和调整煤气火焰；火焰熄灭时，应及时关闭煤气闸板，查明原因，确认可重新点火，方可点火。煤气自动调节装置失灵时，不宜烧炉。

热风炉应有倒流管，作为倒流休风用。无倒流管的热风炉，用于倒流的热风炉炉顶温度和倒流时间应符合工艺规定要求。多座热风炉不应同时倒流，不应用刚倒流的热风炉送风。硅砖热风炉不应用于倒流。

89. 高炉煤气系统有哪些安全规定?

煤气管道应维持正压，煤气闸板不应泄漏煤气。高炉煤气管道的最高处应设煤气放散管及阀门，该阀门的开关应能在地面或有关的操作室控制。

除尘器和高炉煤气管道如有泄漏，应及时处理，必要时应减风常压或休风处理。

除尘器的下部和上部，应至少各有一个直径不小于 0.6 m 的人孔，并应设置两个出入口相对的清灰平台，其中一个出入口应能通往高炉中控室或高炉出铁场平台。

除尘器应设带旋塞的蒸汽或氮气管头，且不应堵塞和冻结，蒸汽管应与炉台蒸汽包相连接。用氮气赶完煤气，应先脱开氮气管或堵盲板后，再采取强制通风措施，直至除尘器内的一氧化碳和氧含量符合要求后，方可进入除尘器内作业。

高炉荒煤气除尘器入口的切断装置，应采用远距离操作。除尘器的卸灰，应采用湿式螺旋清灰机或无尘卸灰。除尘器应及时清灰，清灰应经工长同意。

六、检修安全知识

90. 设备检修的一般性安全规定有哪些？

炼铁厂应建立严格的设备使用、维护、检修制度。检修前，应对检修项目进行危险因素辨识并制定安全施工方案，应有专人对电、煤气、蒸汽、氧气、氮气等要害部位及安全设施进行确认，并办理有关检修、动火等危险作业审批手续。检修设备时，应预先切断与设备相连的所有电路、风路、氧气、煤气、氮气、蒸汽、喷吹煤粉及液体等介质，并严格执行设备操作牌制度。检修中应按检修方案拆除安全装置，并有安全防护措施。检修完毕，安全装置应及时恢复。安全防护装置的变更，应经安全保卫部门同意，并应做好记录归档。

焊接或切割作业的场所，应通风良好。电、气焊割之前，应清除工作场所的易燃物。楼板、吊台上的作业孔，应设置护栏和盖板。检修热风炉临时架设的脚手架，检修完毕应立即全部拆除。

高处作业，应设安全通道、梯子、支架、吊台或吊盘。作业前应认真检查有关设施，作业不应超载。脚手架、斜道板、跳板和交通运输道路，应有防滑措施并经常清扫。高处作业时，应佩戴安全带，不应利用煤气管道、氧气管道作起重设备的支架。携带的工具应装在工具袋内，不应以抛掷方式递送工具和其他物体。遇 6 级以上强风时，不应进行露天起重工作和高处作业。

从事炉子、管道、储气罐、磨机、除尘器或料仓等的内部检修，应严格检测有毒有害物质及氧含量是否符合要求，以防煤气中毒和窒息。并应派专人核查进出人数，如果进出人数不相符，应立即查找、核实。

设备检修完毕，应先做单项试车，然后联动试车。试车时，操作工应到场，各阀门应调好行程极限，做好标记。设备试车，应按规定程序进行。施工单位交出操作牌，由操作人员送电操作，专人指挥，共同试车。非试车人员，不应进入试车规定的现场。

91. 如何进行炉体及炉顶设备检修？

（1）炉体检修。大修时，炉体砌筑应按设计要求进行。采用爆破法拆除炉墙砖衬、炉瘤和死铁层，应遵守有关规定。应清除炉内残物。拆除炉衬时，不应同时进行炉内扒料和炉顶浇水。入炉扒料之前，应测试炉内空气中一氧化碳的浓度是否符合作业的要求，并采取措施防止落物伤人。

（2）炉顶设备检修。检修大钟、料斗应计划休风，应事先切断煤气，保持通风良好。在大钟下面检修时，炉内应设常明火，大钟应牢靠地放在穿入炉体的防护钢梁上，不应利用焊接或吊钩悬吊大钟。

检修完毕，确认炉内人员全部撤离后，方可将大钟从防护梁上移开。检修大钟时，应控制高炉料面，并铺一定厚度的物料，风口全部堵严，检修部位应设通风装置。

休风进入炉内作业或不休风在炉顶检修时，应有煤气防护人员在现场监护。更换炉喉砖衬时，应卸下风管，堵严风口。工作环境中一氧化碳体积分数超过 50×10^{-6} 时，工作人员应佩戴防护用品，还应连续检测一氧化碳含量。

串罐、并罐无料钟炉顶设备的检修，应遵守下列规定：进罐检修设备和更换炉顶布料溜槽等，应可靠切断煤气、氮气来源，采用安全电压照明，检测一氧化碳、氧气的浓度，并制定可靠的安全技术措施，报生产技术负责人认可，认真实施；检修人员应事先与高炉及岗位操作人员取得联系，经同意并办理正常手续，方可进行检修（如动火检修应申办动火许可证）；检修人员应佩戴安全带和防毒面具；检修时，应用煤气报警和测试仪检测一氧化碳浓度是否在安全范围内；检修的全过程，罐外均应有专人监护。

92. 热风炉及除尘器检修应注意哪些问题?

(1) 热风炉检修。检修热风炉时，应用盲板或其他可靠的切断装置防止煤气从邻近煤气管道窜入，并严格执行操作牌制度。应有煤气防护人员在现场监护。

进行热风炉内部检修、清理时，应遵守下列规定：煤气管道应可靠切断，除烟道阀门外的所有阀门应关死，并切断阀门电源；炉内应通风良好，一氧化碳体积分数应在 24×10^{-6} 以下，含氧量应在 19.5%~23%（体积分数），每 2 h 应分析 1 次气体成分；修补热风炉隔墙时，应用钢材支撑好隔棚，防止上部砖脱落。

热风管内部检修时，应打开人孔，严防煤气热风窜入。

（2）除尘器检修。检修除尘器时，应处理煤气并执行操作牌制度，至少由 2 人进行。应有煤气防护人员在现场监护。

应防止邻近管道的煤气窜入除尘器，并排尽除尘器内灰尘，保持通风良好。

固定好检修平台和吊盘。清灰作业应自上而下进行，不应掏洞。

检修清灰阀时，应用盲板堵死放灰口，切断电源，并有煤气防护人员在场监护。

清灰阀关不严时，应减风后处理，必要时休风。

93. 摆动溜嘴检修及铁水罐检修时应符合哪些安全要求?

（1）摆动溜嘴检修。检修作业负责人应与岗位操作工取得联系，索取操作牌，悬挂停电牌，停电并经确认后，方可进行检修。

检修中不应乱割、乱卸；吊装溜嘴应有专人指挥，并明确规定指挥信号；指挥人员不应站在被吊物上指挥。

在摆动支座上作业，应佩戴安全带。

钢丝绳受力时，应检查卸扣受力方向是否正确。

（2）铁水罐检修。检修铁水罐，应在专用场地或铁路专线一端进行，检修地点应有起重及翻罐机械。修罐时，电源线应采用软电缆。修罐地点以外 15 m 应设置围栏和标志。两罐间距离应不小于 2 m。重罐不应进入修罐场地。

修罐坑（台）应设围栏。罐坑（台）与罐之间的空隙应用坚固的垫板覆盖，罐坑内不应有积水。

待修罐的内部温度不应超过 40 ℃。砖衬应从上往下拆除，可喷水以减少灰尘。

修罐时，罐内应通风良好，冬季应有防冻措施。距罐底 1.5 m 以上的罐内作业，应有台架及平台，采用钩梯上下罐。

罐砌好并烘干，方可交付使用。罐座应经常清扫。

炼钢安全知识

一、原材料安全知识

94. 散状材料储存时应符合哪些安全规定?

（1）应根据入炉散状材料的特性与安全要求，确定其储存运输方法，入炉物料应保持干燥。

（2）采用有轨运输时，轨道外侧距料堆应大于1.5 m。

（3）具有爆炸和自燃危险的物料，如碳化钙粉剂、镁粉、煤粉、直接还原铁（DRI）等应储存于密闭储仓内，必要时用氮气保护；存放设施应按防爆要求设计，并禁火、禁水，防潮。

（4）地下料仓的受料口，应设置格栅板，汽车卸料侧需设车挡。

95. 废钢处理有哪些安全要求?

（1）废钢应按来源、形态、成分等分类、分堆存放；人工堆料时，地面以上料堆高度不应超过1.5 m。

（2）可能存在放射性危害的废钢，不应进厂。进厂的社会废钢，应进行分选，拣出有色金属件、易燃易爆及有毒等物品；对密闭容器应进行切割处理；废武器和弹药应由相关专业部门严格鉴定，并进行妥善的处置。

（3）炼钢厂一般应设废钢配料间与废钢堆场，废钢配料作业直接在废钢堆场进行，废钢堆场应部分带有房盖，以供雨、雪天配料。混有冰雪与积水的废钢不应入炉。

（4）废钢配料间与废钢堆场，应设置必要的纵向与横向贯通的人行安全走道。废钢坑沿应高出地面 0.3~1.0 m，露天废钢坑应设集排水设施，地面废钢料堆应距运输轨道外侧 1.5 m 以上。

（5）废钢装卸作业时，电磁盘或液压抓斗下不应有人；起重机的大车或小车启动、移动时，应发出声光报警信号，以警告地面人员等避让；起重机司机室应视野良好，能清楚观察废钢装卸作业点与相邻起重机作业情况。

96. 铁水储运应注意哪些安全问题？

（1）铁水运输应采用运输专线，或者通过交通组织，减少运输线路上其他车辆的通行。

（2）向混铁炉兑铁水时，铁水罐口至混铁炉受铁口（槽）应保持一定距离；混铁炉不应超装，当铁水面距烧嘴达 0.4 m 时，不应兑入铁水；混铁炉出铁时，应发出声响信号；混铁炉在维修、炉顶有人、受铁水罐车未停到位时，不应倾动；当冷却水漏入混铁炉时，应切断水源，待水蒸发完毕方可倾炉。

（3）混铁车倒罐站倒罐时，应确保混铁车与受铁坑内铁水罐车准确对位；混铁车出铁至要求的量并倾回零位后，铁水罐车方可开往吊包工位。

（4）混铁炉与倒罐站作业区地坪及受铁坑内，不应有水。凡受铁水辐射热及喷溅影响的建（构）筑物，均应采取防护措施。

（5）起重机龙门钩挂重铁水罐时，应有专人检查是否挂牢，指挥人员应在 5 m 以外，待核实后发出指令，吊车才能起吊。

97. 铁水预处理应注意哪些安全问题?

（1）铁水预处理设施，应布置在地坪以上；若因条件限制采用坑式布置，则应采取防水、排水措施，保证坑内干燥。

（2）铁水预处理时，铁水罐四周不得有人。

（3）采用碳化钙与钝化镁作脱硫剂时，其储粉仓应采用氮气保护；泄压时排出的粉尘应回收；该区域应防水、防火，脱硫站氮气供应源应有湿气分析和报警装置。

（4）碳化钙仓附近区域应设乙炔检测和报警装置，钝化镁仓应设氧气检测和报警装置。

（5）不应采用严重污染环境的碳酸钠等钠系脱硫粉剂。

（6）碳化钙与镁粉着火时，应采用干碾磨氮化物熔剂、石棉毡、干镁砂粉等灭火，不应使用水、泡沫灭火器等灭火。

二、炼钢设备及操作安全知识

98. 铁水罐、钢水罐、中间罐、渣罐（盆）等应符合哪些安全要求?

铁水罐、钢水罐、中间罐的壳体上，应有排气孔。罐体耳轴，应位于罐体合成重心以上 0.2~0.4 m 的对称中心，其安全系数应不小于8，并以1.25倍负荷进行重负荷试验合格后方可使用。铁水罐、钢水罐和中间罐修砌后应干燥，使用前应烘烤至要求温度后方可使用。

应对罐体和耳轴进行探伤检测，耳轴每年检测1次，罐体每两年检测1次。凡耳轴出现内裂纹、壳体焊缝开裂、明显变形、耳轴磨损大于直径的10%、机械失灵、衬砖损坏超过规定，均应报修或报废。

用于铁水预处理的铁水罐与用于炉外精炼的钢水罐，应经常维护罐口；罐口严重结壳，应停止使用。应及时清理铁水罐、钢水罐罐口、罐壁上黏结的块状残钢、残渣。

钢水罐需卧放地坪时，应放在专用的钢包支座上或采取防滚动的措施；热修包应设作业防护屏；两罐位之间净空距离，应不小于2 m。钢水罐滑动水口，每次使用前应进行清理、检查，并调试合格。吊运装有铁水、钢水、液渣的罐，应与邻近设备或建（构）筑物保持大于1.5 m的净空距离。

渣罐（盆）使用前应进行检查，其罐（盆）内不应有水或潮湿的物料。

铁水罐、钢水罐内的铁水、钢水有凝盖时，不应用其他铁水罐、钢水罐、起重机大钩压凝盖，也不应人工使用管状物撞击凝盖。有未凝结残留物的铁水、钢水罐，不应卧放。

中间罐浇注完毕吊下到修砌位前，应确认罐内和水口的钢水已经完全凝固，不能有液态钢水流出。放到修砌位时，应确认水口下的冷钢长度，避免将水口顶起，禁止将刚浇注完的中间罐直接放在地上。

99. 如何合理操纵起重机？

起重设备应经静、动负荷试验合格后方可使用。桥式起重机等负荷试验，采用其额定负荷的 1.25 倍。铁水罐、钢水罐龙门钩的横梁、耳轴销和吊钩、钢丝绳及其端头固定零件，应定期进行检查，发现问题及时处理，必要时吊钩本体应作超声波探伤检查。

炼钢车间吊运铁水、钢水、液渣，应使用铸造起重机，铸造起重机应不超其额定能力；电炉车间吊运废钢料篮的加料起重机，应采用双制动系统。

起重机应由专门培训、考核合格的专职人员指挥，同一时刻应只有一人指挥，指挥人员应有起重机司机易于辨认的明显的识别标识。吊运重罐铁水、钢水、液渣，应确认挂钩挂牢后，方可通知起重机司机起吊；起吊时，人员应站在安全位置，并远离起吊地点。

起重机启动和移动时，应发出声响与灯光信号，吊物不应从人员头顶和重要设备上方越过：不应用吊物撞击其他物体或设备（脱模操作除外）；吊物上不应有人。

转炉高层框架内吊运氧、副枪的起重机不应设司机操作室，应采用无线遥控和线控操作板操作。

100. 氧枪系统包括哪些安全技术？如何防止发生氧气燃爆事故？

（1）氧枪系统安全技术。

1）弯头或变径管燃爆事故的预防。氧枪上部的氧管弯头或变径管由于流速大，局部阻力损失大，如管内有渣或脱脂不干净时，容易诱发高纯、高压、高速氧气燃爆。应通过改善设计、防止急弯、减慢流速、定期吹管、清扫过滤器、完善脱脂等手段来避免事故的发生。

2）回火燃爆事故的防治。低压用氧导致氧管负压或氧枪喷孔堵塞，都易使高温熔池产生的燃气倒罐回火，发生燃爆事故。因此，应严密监视氧压。多个炉子用氧时，不要抢着用氧，以免造成管道回火。

3）汽阻爆炸事故的预防。因操作失误造成氧枪回水不通，氧枪积水在熔池高温中汽化，阻止高压水进入。当氧枪内的蒸汽压力高于枪壁强度极限时便发生爆炸。

（2）防止发生氧气燃爆的措施。转炉炼钢是通过氧枪向熔池供氧来强化冶炼的。氧枪系统是由氧枪、氧气管网、水冷管网、高压水泵房、一次仪表室、卷扬及测控仪表等组成，如使用、维护不当，会发生燃爆事故。氧气管网如有锈渣、脱脂不净，容易发生氧气爆炸事故，因此氧气管道应避免采用急弯，应采取减慢流速、定期吹扫氧管、清扫过滤器脱脂等措施防止燃爆事故。如氧枪中氧气的压力过低，可造成氧枪喷孔堵塞，引起高温熔池产生的燃气倒灌回火而发生燃爆事故。因此要严密监视氧压，一旦氧压降低，要采取紧急措施，并立即上报。氧枪喷孔发生堵塞要及时检查处理。因误操作造成氧枪冷却系统回水不畅，氧枪内积水汽化，阻止高压冷却水进入氧枪，可能引起氧枪爆炸，如冷却水不能及时停水，冷却水可能进入熔池而引发更严重的爆炸事故。因此氧枪的冷却水回水系统要装设流量表，吹氧作业时要严密监视回水情况，要加强人员技术培训，增强责任心，防止误操作。

◎事故案例

某日23时20分，某钢铁公司转炉停炉检修结束后，该厂设备作业长指挥测试氧枪，不到2 min的时间，约1 685 m^3氧气从氧枪喷出后被吸入烟道排除，飘移300 m到达烟道风机处。23时30分，检修烟道风机的1名钳工衣服被溅上气焊火花，全身工作服迅速燃烧，配合该钳工作业的工人随即用灭火器向其身上喷洒干粉。火被扑灭后，将其拽出风机并送往医院。因大面积烧伤，经抢救无效，该钳工于次日 2 时 50 分死亡。

原因分析：①标准状况下空气及氧气的密度分别为 1.295 g/L、1.429 g/L。由于氧气的密度略大于空气的密度，所以，氧气团在微风气象条件下，不易与大气均匀混合，沿地面飘移 300 m 后，使该钳工处于氧气团包围之中。②处于氧气团包围中的作业钳工的工作服属于可燃材质，遇到高温气焊火花点燃，即猛烈燃烧，将钳工严重烧伤致死。

事故教训：①在有多工种交叉作业的场所，不得随意释放大量的氧气至大气中。②在有多工种交叉作业的场所，一旦发生氧气大量泄漏的事故，要立即通知下游风向 1 000 m 以内的作业人员停止作业，最好撤离现场，待工厂安全管理人员使用氧气检测仪检测氧含量达到正常值时，方可恢复作业。③必须在富氧条件下作业时，作业人员则不得进行电焊、气焊、气割等明火作业。不得使用可能发生火花的工具（如普通钢制扳手、锤子等），应使用铜合金材质的不发生火花工具，以防因工具产生火花引发爆炸。④氧气大量泄漏大气中，如果遇到大风，气流搅动剧烈，氧气团沿地面飘移的距离较短，造成火灾的危险性较小，附近人员烧伤的可能性也较小；如果遇到微风，气流扩散速度较慢，氧气团沿地面飘移的距离较长，造成火灾的危险性较大，附近人员烧伤的可能性也较大。因此，要特别注意微风天气条件下氧气泄漏状况下的作业安全。

101. 氧气转炉在生产操作过程中应注意哪些问题?

新炉、停炉进行维修后开炉及停吹 8 h 后的转炉，开始生产前均应按新炉开炉的要求进行准备，应认真检验各系统设备与联锁装置、仪表、介质参数是否符合工作要求，出现异常应及时处理。若需烘炉，应严格执行烘炉操作规程。

炉下钢水罐车及渣车轨道区域（包括漏钢坑），不应有水和堆积物。转炉生产期间需到炉下区域作业时，应通知转炉控制室停止吹炼，并不得倾动转炉，应打掉炉体、流渣板等处有坠落危险的积渣。无关人员不应在炉下通行或停留。

转炉吹氧期间发生以下情况，应及时提枪停吹：氧枪冷却水流量、氧压低于规定值，出水温度高于规定值，氧枪漏水，水冷炉口、烟罩和加料溜槽口等水冷件漏水，停电。

吹炼期间发现冷却水漏入炉内，应立即停吹，并切断漏水件的水源；转炉应停在原始位置不动，待确认漏入的冷却水完全蒸发，方可缓慢动炉。

转炉修炉停炉时，各传动系统应断电，各动力介质管道应可靠切断，管道的吹扫置换和更换作业应严格遵循国家相关标准的要求。

倾动转炉时，操作人员应检查确认各相关系统与设备无误，并遵守下列规定：测温取样倒炉时，不应快速摇炉；倾动机械出现故障时，不应强行摇炉。

倒炉测温取样和出钢时，人员应避免正对炉口。采用氧气烧出钢口时，手不应握在胶管接口处。火源不应接近氧气阀门站，进入氧气阀门站不应穿钉鞋，油污或其他易燃物不应接触氧气阀及管道。

◎事故案例

某日，某钢铁公司六厂2号转炉早班工人于15时14分出完第二炉钢后，倒渣并清理炉口残钢，准备换炉。此时车间副主任兼冶炼工段长钟某指挥当班班长洪某用水管向炉内打水进行强迫冷却，以缩短换炉时间。16时中班工人接班，这时钟段长指挥中班工人准备倒水接渣，并亲自操作摇炉倒水，当炉体中心线与水平夹角为30°时，炉内发生猛烈爆炸。气浪把重约3.3 t的炉帽连同重约0.95 t的炉帽水箱冲掉，飞出约45 m，打碎钢筋混凝土房柱，当场造成6人死亡，重伤3人，轻伤6人，造成全厂停产。

事故原因分析：该钢铁公司钢研所根据对炉体的检查和取样分析认为，当时炉内约有280 mm厚的残渣，体积约0.6 m^3，重约2 t。在爆炸前残渣处于液体状态，当水进入炽热的炉内后，水被大量蒸发，液渣表面迅速冷凝成固体状。由于冷却时间短，渣表面以下部分仍处于液体状态，在进行摇炉倒水操作时，由于炉体大幅度倾斜，在自身重力作用下，炉内残渣发生颠覆，下部液渣翻出并覆在水上，以致液渣下部大量蒸汽无法排出，造成爆炸。

102. 导致熔融物遇水爆炸的原因有哪些？应采取哪些防护措施？

铁水、钢水、钢渣以及炼炉或烧结炉底的熔渣，都是高温熔融物，与水接触就会爆炸。这主要是物理反应，有时候也伴随着化学反应。当1 kg水完全变成蒸汽时，其体积要增大约1 500倍，破坏力极大。

（1）导致熔融物遇水爆炸的原因包括：氧枪卷扬断绳、滑脱掉枪造成漏水；焊接工艺不合适，焊缝开裂或水质差，以至穿壁漏水；加入炉内及包内的各种原料潮湿；事故性短暂停水或操作失误，枪头烧坏，且又继续供水；内衬质量不过关，导致烧坏；转炉冷炉，过早打水；冷料高，下枪过猛，撞裂枪头漏水；由于罐挂钩不牢、断绳等引起的掉包、掉罐；车间地面潮湿。

（2）应采取以下措施：冷却水系统应安装压力、流量、温度、漏水量等仪表和指示、报警装置，以及氧枪、烟罩等联锁的快速切断、自动提升装置，并在多处安装便于操作的快速切断阀及紧急安全开关；冷却水应是符合规程要求的水质；采用多种氧枪安全装置（有氧枪自动装置、张力传感器检测装置、激光检测枪位装置、氧枪锥形结构）。

103. 防止炼钢发生喷溅的措施有哪些?

炼钢炉、钢水罐、钢锭模内的钢水因化学反应引起的喷溅与爆炸危害极大。处理这类喷溅与爆炸事故时，有可能出现新的伤害。

（1）造成喷溅与爆炸的原因：根本原因是冷料加热不好，精炼期的操作温度过低或过高，炉膛压力大或瞬时性烟道吸力低，碳化钙水解，钢液过氧化增碳，留渣操作引起大喷溅。

（2）喷溅的主要危害：易发生工人烫伤事故；增加了钢铁料消耗，使生产成本增加；使炉裙易变形，炉帽易漏水；降低炼钢炉的使用寿命；增加劳动强度；使烟罩结渣。

（3）防止发生喷溅的安全对策：转炉出完钢后，钢渣必须倒净；炉内剩有炉渣，补铁时必须由炼钢工处理后才能缓慢兑铁；增大热负荷，使炼钢炉的加热速度适应其加料速度；避免炉料冷冻和过烧（炉料基本熔化）；采用先进的自动调节炉膛压力系统，使炉膛压力始终保持在 133.322~399.966 Pa 范围内；增大炼钢炉排除烟气通道及通风机的能力；禁止使用留渣操作法；用密闭容器储运电石粉，并安装自动报警装置。

◎事故案例

某日 10 时，根据总厂生产计划安排，某冶炼厂 3 号转炉停炉检修换炉衬。10 时 5 分，出完第 7 炉钢后，3 号转炉总炉长郇某与责任工程师吕某商量涮炉。2 min 后，发现炉口溢渣，因怕烧坏炉口设施，将氧枪提出时发现漏水，郇某就让炼钢工崔某上到 26.8 m 平台处关闭水阀，并通知钳工更换氧枪。崔某上到氧气通廊时，发现氧枪喷漏，但没有把这一情况向他人反映。几分钟后，郇某又让高某上去查看漏水情况，高某上到 15.8 m 平台，仅查看到氧枪头漏水不大，就下来向郇某报告说漏水量不大，没问题。此时，吕某对郇某说，渣子泡太多，涮炉效果不好，应当倒掉渣子兑点铁水，涮炉效果会更好。十几分钟后，郇某、高某、兰某 3 人对转炉炉口处进行观察，确认没有蒸汽冒出（事后分析为过热蒸汽，肉眼观察不出来）。郇某便安排兰某准备倒渣，在兰某摇炉时炉内积水与渣混合，发生喷爆。3 号转炉部分设备及建筑物严重损坏，并将西北方约 5 m 处的化验室南墙推倒，转炉操作室门窗玻璃被震碎。事故造成 3 人死亡，2 人重伤，3 人轻伤，直接经济损失 174.65 万元。

这是一起安全管理不严，违章指挥、违章作业造成的重大责任事故。总炉长郇某由于接受信息不准确、不全面，对氧枪漏水的严重程度及炉内积水的情况判断失误，指挥摇炉时造成渣与水混合，水急剧汽化，发生喷爆，是事故发生的直接原因。炼钢厂领导重生产、轻安全，对事故隐患和以往多次出现的氧枪、烟道漏水整改不力，致使氧枪头铜铁结合部全部断裂，裂隙达 2 cm，炉内积水过多，是事故发生的主要原因。对职工安全教育培训不够，职工安全防范意识不强；炉前场地狭窄，临时炉前化验室位置不当，是造成事故的重要原因。

104. 钢、铁、渣灼烫事故的原因及防护技术有哪些?

铁、钢、渣的温度达 1 000 ℃以上，热辐射很强，易于喷溅，加上设备及环境温度高，起重吊运、倾倒作业频繁，作业人员极易发生灼伤、烫伤事故。

（1）灼烫事故及其发生的原因：设备遗漏，如炼钢炉、钢水罐、铁水罐、混铁炉等满溢；铁、钢、渣液遇水发生的物理化学爆炸及二次爆炸；过热蒸汽管线穿漏或裸露；改变平炉炉膛的火焰和废气方向时喷出热气或火焰；违反操作规程。

（2）防止灼烫事故应采取下列措施：定期检查、检修炼钢炉、混铁炉、化铁炉、混铁车及钢水罐、铁水罐、中间罐、渣罐及其吊运设备、运输线路和车辆，并加强维护，避免穿孔、渗漏，以及起重机断绳、罐体断耳和倾翻；严格执行预防铁水、钢水、渣等熔融物与水接触发生爆炸、喷溅事故；过热蒸汽管线、氧气管线等必须包扎保温，不允许裸露；法兰、阀门应定期检修，防止泄漏；制定完善安全操作规程，严格对作业人员进行安全技术培训，防止误操作；搞好个人防护，上岗必须穿戴工作服、工作鞋、防护手套、安全帽、防护眼镜和防护罩；尽可能提高技术装备水平，减少人员烫灼伤的机会。

105. 电炉及相关设施在使用过程中应符合哪些安全规定?

电炉的最大出钢量，应不超过平均出钢量的110%。设在密闭室内的氮、氩炉底搅拌阀站，应设氧浓度监测装置，浓度偏低时应有人工或自动联锁排风扇开启的保护装置。阀站应加强维护，发现泄漏及时处理，并配备排风设施；人员进入前应排风，氧浓度达标确认安全后方可进入，维修设备时应始终开启门窗与排风设施。

水冷炉壁与炉盖的水冷板、康斯迪电炉连接水车水套、竖井水冷件等，应配置出水温度与进出水流量差检测、报警装置。出水温度超过规定值、进出水流量差报警时，应自动断电并升起电极停止冶炼，操作人员应迅速查明原因，排除故障，然后恢复供电。Plus2000 炉废钢预热的预热料篮旋转区域下方空间，不应有任何易燃物；料篮旋转时，人员应处于安全位置。

偏心炉底出钢口活动维修平台，只有在电炉出钢完毕回复原始位置后，方可开向工作位置。应在电炉炉下不同厚度的耐火材料中设置温度测量元件，当某特定测量点温度超过规定值时，应立即停止冶炼，修理炉底。上电炉炉顶维修梯口应设安全门，人员上梯时，安全门开启，电极电流断开，电炉不会倾动，炉盖不会旋转。

采用活动炉座的电炉，应由一台起重机吊运；因条件限制只能用两台起重机抬运时，应采取措施，保证作业安全。电炉的修炉区，应设置炉壳底座（或支架）、修炉坑或修炉平台。电炉钢厂使用的铁合金料，应严格分类保管，并应防止混料和沾水，运输过程中应防雨、防潮，电炉车间内不应设铁合金破碎与烘烤装置。

106. 电炉炼钢时，生产操作有哪些安全要求？

电炉开炉前应认真检查，确保各机械设备及联锁装置处于正常的待机状态，各种介质处于设计要求的参数范围，各水冷元件供排水无异常现象，供电系统与电控正常，工作平台整洁有序无杂物。

电极通电应建立联系确认制度，先发信号，然后送电；引弧应采用自动控制，防止短路送电。竖炉第一料篮下部的废钢，单块重量应不大于 400 kg；待加料的废钢料篮吊往电炉之前，不应挂小钩，废钢料篮下不应有人。

氧燃烧嘴开启时应先供燃料，点火后再供氧；关闭时应先停止供氧，再停止供燃料。电炉吹氧喷碳粉作业，应加强监控。当泡沫渣升至规定高度时，应停止喷碳粉。水冷氧枪应设置极限位，以确保氧枪与钢液面的安全距离。炉前热泼渣操作，应防止洒水过多，以避免积水产生事故。

电炉冶炼期间发生冷却水漏入熔池时，应断电、断气，关闭烧嘴，停止一切操作，并立即处理漏水的水冷件，不应动炉，直至漏入炉内的水蒸发完毕，方可恢复冶炼。

正常生产过程中，应经常清除炉前平台流渣口和出钢区周围建（构）筑物上的黏结物。黏结物厚度应不超过 0.1 m，以防坠落伤人。电炉炉下区域、炉下出钢线与渣线地面，应保持干燥，不应有水或潮湿物。电炉加料（包括铁水热装和吊铁水罐）、吊运炉底、吊运电极，应有专人指挥。吊物不应从人员和设备上方越过，人员应处于安全位置。

107. 电炉炼钢时，有哪些安全注意事项？

电炉炼钢法是主要炼钢方法之一。它是靠石墨电极和金属料之间所产生的强烈电弧供热。电弧处能产生 3 000~6 000 ℃的高温，一方面能冶炼难熔金属，另一方面也给炼钢工人操作时带来热辐射的危害。在冶炼过程中电炉还产生大量烟尘，直接危害工人的健康。在操作过程中忽视安全操作，易造成伤害事故，为此应该在以下几个方面加以注意，确保安全生产。

（1）电炉装料。装料时注意不要加进有害元素，如铜、锌、锡、铅等，这些元素会降低钢的质量。炉料中也不得混有爆炸物，以免造成爆炸事故。加料时人应尽量站在侧面，不能站在炉门及出钢槽的正前方，以免钢渣喷射伤人。炉料全熔后，不得再加入湿料，以避免爆炸。

（2）冶炼操作。在冶炼过程中，如操作不当也会造成事故。配电工要了解冶炼过程对配电的要求，加强对变压器的维护和冷却，同时也要注意冶炼过程中氧化期炉内大沸腾时，应及时停电并抬高电极；出钢时必须切断电源并抬起电极。换电极时要先切断电源，操作人员要站稳，拉接时不能用力过猛，还要防止手套及工作服被挂在设备上。吹氧操作时，吹氧压力不能太大，手握部分要离接头远些，不能用吹氧管捅料。停止吹氧时，应先关闭氧气，后取出吹氧管。操作人员站在炉前操作时，应站在门两侧。当炉内发生剧烈沸腾时，应立即切断电源，抬起电极，停止加料和吹氧操作并采取相应措施。准备出钢时，集体操作应密切配合，协调一致，操作人员背后不要站人，炉前应避免加入氧化剂，倾倒钢水时不要过快，以免飞溅伤人或损坏设备。

108. 精炼炉在操作过程中应注意哪些安全问题?

精炼炉工作之前，应认真检查，确保设备处于良好待机状态、各介质参数符合要求。

应控制炼钢炉出钢量，防止炉外精炼时发生溢钢事故。应做好精炼钢包上口的维护，防止包口黏结物过多。氧气底吹搅拌装置应根据工艺要求调节搅拌强度，防止溢钢。

炉外精炼区域与钢水罐运行区域，地坪不得有水或潮湿物品。

精炼过程中发生漏水事故，应立即终止精炼。若冷却水漏入钢包，应立即切断漏水件的水源，钢包应静止不动，人员应撤离危险区域，待钢液面上的水蒸发完毕，方可动钢包。精炼期间，人员不得在无防护设施的钢包周围行走和停留。

吊运满包钢水或红热电极，应有专人指挥；吊放钢包应检查确认挂钩脱钩可靠，方可通知司机起吊。潮湿材料不应加入精炼钢包；人工往精炼钢包投加合金与粉料时，应站在投加口的侧面，防止液渣飞溅或火焰外喷伤人。精炼炉周围不应堆放易燃物品。

喷粉管道发生堵塞时，应立即关闭下料阀，并在保持引喷气流的情况下，逐段敲击管道，以消除堵塞；若需拆检，应先将系统泄压。

喂丝线卷放置区，宜设置安全护栏；从线卷至喂丝机，凡线转向运动处，应设置必要的安全导向结构，确保喂丝工作时人员安全；向钢水喂丝时，人员应站在安全位置。

109. 炉渣处理的安全技术有哪些?

（1）采用抱罐汽车运输液体渣罐时，罐内液渣不应装满，应留0.3 m以上的空间，抱罐汽车司机室顶部与背面应加设防护装置；抱罐汽车运行线路宜设专线，避免与其他车辆混杂运行，并尽可能减少相交道口。

（2）盛液渣的渣罐应加强检查，其内不应有水、积雪或其他潮湿物料。

（3）中间渣场（炉渣跨）吊运液体渣罐，应采用铸造起重机，宜考虑司机室和无线遥控操作。中间渣场（炉渣跨）采用渣罐热泼、热焖液渣工艺时，应防止热泼区、热焖区地坪积水。

（4）采用渣罐倾翻固体渣工艺的中间渣场，砸渣砣作业时人员不应靠近作业区，防止落物伤人。

（5）采用钢渣水淬工艺时，应确保冲渣水量大于最小的水渣比；发现冲渣水量小于规定值时，应停止水淬，以防爆炸。

110. 冶炼过程中发生穿炉现象应如何处理?

穿炉是电炉生产中的重大事故，一般发生在出钢口和炉门口两侧或下部及炉子的二号电极渣线处。严重时会发生炉底穿翻。遇到穿炉，首先要冷静地判断穿炉部位，然后采取相应的措施。

若穿炉发生在炉门口两侧或下部时，应迅速把炉体向后面倾斜（注意不要让钢水流出），然后立即用沥青镁砂或白云石补穿炉部位，补好后用耙子将炉渣推到所补之处，待烧结良好后，再继续冶炼。但如漏洞较大，则可在炉体外漏钢处用钢板焊一个斗。

若穿炉发生在炉子的二号电极渣线处，该部位一般是电炉主要电气机械设备处，会造成重大设备事故，影响生产。此时须看清穿炉部位及洞口大小，在保证钢水不流出的情况下尽可能将炉体倾斜，甚至可以倒掉一些钢水，从而迅速将漏钢部位暴露出来，以确保设备安全，补炉方法同前。

炉龄后期，炉底蚀损严重，也极易引起漏钢事故。炉底漏钢前一般有一定前兆，如发现炉内钢水沸腾，炉衬大块大块地浮出来，炉渣变得很稠时，说明炉底镁砂已经翻上来，可能要漏钢，必须采取措施，抓紧冶炼，及早出钢。若发生炉底漏钢，则应迅速切断电源，打开出钢口，将钢水倒进盛钢桶内。

三、钢水浇注安全知识

111. 钢水罐、中间罐准备有哪些安全要求？

（1）钢水罐、中间罐浇注后，应进行检查，发现异常，应及时处理或按规定报修、报废。

（2）新砌或维修后的钢水罐、中间罐，应经烘烤干燥后，方可使用。

（3）浇注后倒渣应注意安全，人员应处于安全位置，倒渣区地面不得有水或潮湿物品，其周围应设防护板。

（4）热修罐时，罐底及罐口黏结物应清理干净，更换氩气底塞砖与滑动水口滑板，应正确安装，并检查确认。新砌制的中间罐，应确认水口塞棒安装可靠，方可使用。

（5）新装滑动水口或更换滑板后，应经试验确认动作可靠方可交付使用；采用气力弹簧的滑板机构，应定期校验，及时调整其作用力。

（6）滑动水口引流砂应干燥。

◎事故案例

某日0时20分，某钢铁集团所属炼钢股份公司炼钢车间1号转炉出第1炉钢。该车间清渣班长陈某到钢包房把1号钢包车开到吹氩处吹氩。0时30分，陈某把钢包车开到起吊位置，天车工刘某驾驶3号80 t天车落钩挂包（双钩）准备运到4号连铸机进行铸钢。陈某近站在钢包东侧（正确位置应站在距钢包5 m处）指挥挂包。陈某仅看到东侧钩挂好后，以为西侧钩也挂好了，就吹哨明示起吊。天车工刘某听到起吊哨声后起吊钢包。天车由1号炉向4号连铸机方向车行驶约8 m后，陈某才发现天车西侧挂钩没有挂到位，钩尖顶在钢包耳轴中间，钢包倾斜，随时都有滑落坠包的危险。当天车行驶到三号包坑上方时，天车工刘某听到地面多人的喊声，立即停车。在急刹车的惯性作用下，西侧顶在钢包耳轴的吊钩尖脱离钢包轴，钢包（钢包自重30 t，钢水40 t）严重倾斜扭弯东侧吊钩后脱钩坠落地面，钢水洒地后因温差而爆炸（钢水温度1 640 ℃），造成3人死亡、2人重伤和1人轻伤，事故直接经济损失30万元。

直接原因：3号天车起吊钢水包时，两侧挂钩没有完全挂住钢包的耳轴，而是钩尖顶在西侧耳轴的轴杆中侧，形成钩与耳轴“线”接触。陈某指挥起吊时站位不对，他只能看到挂钩挂住东侧钢包耳轴上，而没有看到西侧挂钩是否挂住钢包西侧耳轴，就吹哨指挥起吊。造成钢包西侧受力不均匀，钢包倾斜，随时都有脱钩坠包的危险，导致天车工刘某操作天车时因急刹车惯性力作用，使西侧挂钩从耳轴上脱落，扭弯钢包东侧吊钩，造成钢包坠地，高温钢水倾翻。

间接原因：

(1) 该炼钢车间操作工人生产确认制、责任制、安全操作规程实施不到位。炼钢股份公司确认制第1条第3款规定：“要保证做到确认、确实，确认安全无误再进行作业。”指吊工安全操作规程规定：“指挥吊运金属液体，必须站在安全地方，确认无误方可发出指令。”而陈某在没有确认两侧吊钩是否挂牢就发出指令。

(2) 天车工刘某违规操作，发现陈某指挥吊车站位不对没有提示改正，启车时没有按操作规程“点动”“试闸”“后移”“准起吊”程序操作，造成吊包在中途急刹车的惯性力作用下钢包西侧挂钩脱落，钢包受力不均匀扭弯东侧吊钩后坠地倾翻。

(3) 该厂厂规、制度如同虚设，有关安全管理人员检查督促不到位。

(4) 立体交叉作业安全隐患重大，安全生产保障措施不力。该厂炼钢产量现已超出原设计能力。由于生产工艺衔接的需要，换钢包滑板作业与天车空中行驶形成交叉作业，是安全生产的重大隐患。但该厂对此重大隐患缺少有力的安全措施，没有采取专人监护和统一指挥的作业方式，只是按吊物下不许有人作业的规定，要求地面作业人员看见天车来时躲避，但在实际操作中作业工人安全意识不强，忙于习惯性操作，作业时根本来不及躲闪。

（5）作业场地狭小，出现钢包坠地事故，钢水四溢爆炸，根本无处避险。

（6）生产车间噪声较强，天车行驶时预警铃声较弱，很难听到，没有起到预警作用，天车行驶方向及速度变化较大，工人来回躲闪影响作业。

112. 浇注、整模时应遵守哪些安全规定?

（1）浇注时应遵守的安全规定。浇注前应详细检查滑动水口及液压油路系统；往罐上安装油缸时，不应对着传动架调整活塞杆长度，遇有滑板压不动时，确认安全之后方可在铸台松动滑动水口顶丝；油缸、油带漏油，不应继续使用；机械封顶用的压盖和凹型窝内，不应有水。

开浇和烧氧时应预防钢水喷溅，水口烧开后，应迅速关闭氧气；浇注钢锭时，钢水罐不应在中心注管或钢锭模上方下落；使用凉铸模浇注或进行软钢浇注时，应时刻提防钢水喷溅伤人；出现钢锭模或中注管漏钢时，不应浇水或用湿砖堵钢；正在浇注时，不应往钢水包内投料调温；指挥摆罐的手势应明确；大罐最低部位应高于漏斗砖0. 15 m；浇注中移罐时，操作者应走在钢水罐后面；不应在有红锭的钢锭模沿上站立、行走和进行其他操作；取样工具应干燥，人员站位应适当，样模钢水未凝固不应取样。

（2）整模时应遵守的安全规定。应经常检查钢锭模、底盘、中心注管和保温帽，发现破损和裂纹，应按报废标准报废，或修复达标后使用；安放模子及其他物体时，应等起重机停稳、物体下落到离工作面不大于0. 3 m，方可上前校正物体位置和放下物体；钢锭模应冷却至200 ℃左右，方可处理；列模、列帽应放置整齐，并检查确认无脱缝现象。

◎事故案例

某日，某公司发生一起钢水外洒事故。14 时 10 分左右，该公司新购置的一台 J5518 型立式离心铸造机，在安装调试完成后进行第 1 炉试生产时，为其配套的自行设计制造的滚环浇铸模具因高速旋转导致工装模具顶盖被冲开脱落，钢水突然外洒，造成 8 人死亡、21 人不同程度烫伤。

经事故调查组调查，这起事故是由于该公司技术管理混乱，未按有关技术要求，自行盲目设计配套模具；现场管理混乱，违章指挥、违章作业所造成的安全生产责任事故。

(1) 直接原因：离心铸造机上配套的工装模具顶盖连接螺栓强度明显不足，小于离心浇注时产生的向上推力；当钢水注入工装模具后，离心浇注所产生的向上推力引起连接螺栓失效，8 个螺栓中的 7 个被拉断，1 个脱扣，导致工装模具顶盖脱落，发生钢水外洒，造成伤亡事故。

(2) 间接原因：

1) 技术管理混乱。该公司让不熟悉热模专业的何某设计工装模具，在整个工装模具设计过程中，未按有关技术要求进行规范设计和审核，设计过程严重失控；防护浇注系统的 3 块防护板仅盖了其中的 2 块，致使应该全封闭的防护浇注系统留下了敞开部分，导致了伤亡人员的增加，扩大了事故的后果。

2) 安全生产管理不严。该公司在进行立式离心铸造机首次浇注试生产时，未制定相应的试生产方案、安全操作规程和事故应急预案，劳动组织极不合理，现场闲杂人员多（事发现场当时有作业人员、负责试生产的生产管理和技术工人 16 人，其他人员 13 人）；该公司将立式离心铸造机的防护板由 2 块改成 3 块后，没有进行技术交底和提出相应的安全要求。

113. 连铸时应遵守哪些安全规定？

浇注之前，应检查确认设备处于良好待机状态，各介质参数符合要求。应仔细检查结晶器，其内表面应干净并干燥，引锭杆头送入结晶器时，正面不应有人，应仔细填塞引锭杆头与结晶器壁的缝隙，按规定放置冷却废钢等物料。浇注准备工作完毕，拉矫机正面不应有人，以防引锭杆滑下伤人。连铸浇注区，应设事故钢水罐、溢流槽、中间溢流罐、钢水罐漏钢回转溜槽、中间罐漏钢坑及钢水罐滑板事故关闭系统。

结晶器、二次喷淋冷却装置应配备事故供水系统；一旦正常供水中断，即发出警报，立即停止浇注，事故供水系统启动，事故供水系统运行期间应降低拉速，并在规定的时间内保证铸机的安全；应定期检查事故供水系统的可靠性。高压油泵发生故障或发生停电事故时，液压系统蓄势器应能维持拉矫机压下辊继续夹持钢坯 30~40 min，并停止浇注，以保证人身和设备安全。

采用放射源控制结晶器液面时，放射源的装、卸、运输和存放，应使用专用工具，应建立严格的管理和检测制度；放射源只能在调试或浇注时打开，其他时间均应关闭；放射源启闭应有检查确认制度与标志，打开时人员应避开其辐射方向，其存放箱与存放地点应设置警告标志。

浇注时应遵守下列规定：二次冷却区不应有人；出现结晶器冷却水减少报警时，应立即停止浇注；浇注完毕，待结晶器内钢液面凝固，方可拉下铸坯；大包回转台（旋转台）回转过程中，旋转区域内不应有人；浇注中发生漏钢、溢钢事故，应关闭该铸流。

采用煤气、氢气、丙烷和氧气切割铸坯时，应安装煤气和氧气的快速切断阀，氢气和丙烷的管路上需要增设阻火器，防止回火造成事故。在氢气、氧气和煤气等阀站附近，严禁有明火，并应配备灭火器材。切割机应专人操作。未经同意，非工作人员不应进入切割机控制室．切割机开动时，机上不应有人。

114. 钢锭（坯）处理应符合哪些安全规定?

（1）钢锭（坯）堆放的地面应平整，堆垛要放置平稳整齐，垛间保持一定安全距离和考虑热坯辐射要求。有钢架堆放的垛高要求不超过钢架高度，钢架应牢固可靠，且不影响起重机作业和司机视线；无钢架堆放的钢坯层间要交叉放置，堆放高度应符合下列规定：

1）大于 3 t 的钢锭不大于 3.5 m；0.5~3 t 的钢锭不大于 2.5 m；小于 0.5 t 的钢锭不大于 1.9 m；人工吊挂钢锭不大于 1.9 m。

2）长度 6 m 及以上的连铸坯不大于 4 m；长度 6~3 m 的连铸坯不大于 3 m；长度 3 m 以下的连铸坯不大于 2.5 m。

3）圆锥堆垛应设置钢架堆放。

（2）钢锭退火时应放置平稳，确认退火窑内无人方可推车。

（3）修磨钢锭（坯）时，应戴好防护用品，严格按操作规程进行。

（4）钢锭（坯）库内人行道宽度应不小于 1 m，钢锭（坯）垛间距应不小于 0.6 m；进入钢锭（坯）垛间应有警示标识，警示标识应高出钢锭（坯）垛。

四、动力供应及检修安全知识

115. 炼钢厂的电力供应系统应符合哪些安全要求?

（1）炼钢厂供电应有两路独立的高压电源，当一路电源发生故障或检修时，另一路电源应能保证车间正常生产用电负荷。

（2）产生大量蒸汽、腐蚀性气体、粉尘等的场所，应采用密闭电气设备；有爆炸危险气体或粉尘的工作场所，应采用防爆型电气设备。

（3）转炉应设置事故电源装置，向氧枪升降和副枪升降供电，保证氧枪和副枪在正常电源中断时能提升到安全位置（或采用气动马达等方式将其提升到安全位置）。向转炉倾动制动器供电，使其能按需要松开；向转炉挡渣装置供电，保证其能退出转炉到安全位置。如果能提供保安电源，可不设事故电源装置。

（4）设在车间内部的变压器室，应设置100%变压器油量的储油设施。

（5）炼钢车间应根据工艺设备布置，适当配置安全灯插座：行灯电压不应超过36 V；在潮湿地点和金属容器内使用的行灯，其电压不应超过12 V。

（6）电炉和钢包精炼炉，其变压器室大电流短网附近的墙体内外及附近的金属构件易因电磁感应发热，应采取防电磁感应发热的措施。

（7）电缆不应架设在热力与燃气管道上，应远离高温、火源与液渣喷溅区；必须通过或邻近这些区域时，应采取可靠的防护措施；电缆不得与其他管线共沟敷设。

（8）车间变电所与有火灾、爆炸危险或产生大量有毒气体、粉尘的设施之间，应有足够的安全距离。

◎事故案例

某日 11 时 8 分，某钢铁公司第二钢铁厂在炼钢塔平台下的浇铸工李某立突然发现 2 号炉电缆线处起火，立即将起火情况告诉了浇铸组长安某。安某大喊“着火了”，值班调度长李某林听到后，迅速跑向电工组通知 2 号炉停电，并与电工李某胜各提 2 个灭火器奔向起火点进行扑救，由于火势已大，干粉灭火器已起不到作用，于是李某林赶紧报了警。11 时 25 分，该钢铁公司消防队接警后，立即派出 1 辆消防车赶赴现场，由于火势已大，该钢铁公司消防队又于 11 时 40 分派出第 2 辆消防车，并向市消防支队报警。市消防支队接警后，迅速调集驻该地区的二中队 3 辆消防车 23 人和一中队 1 辆消防车 6 人增援，于 12 时 10 分先后赶到火灾现场，经过全力扑救，12 时 30 分火势得到控制，13 时 50 分将大火全部扑灭。

火灾造成的损失：这起火灾烧毁 1 号、2 号、3 号转炉系统的主控室，配电室电器设备、配电柜 48 个，电抗器 6 台，低压配电屏 8 块，快速开关 6 块，微机柜 2 个，3 个炉子的交流屏 40 块，整流柜、蓄电池柜 12 块，整流变压器 4 台，直接经济损失 192.5 万元。

火灾是由高温钢渣飞溅到电缆线上引起的。工人在操作时应严格遵守操作规程。

116. 动力供应系统应注意哪些安全问题?

车间内各类燃气管线，应架空敷设，并应在车间入口设总管切断阀。油管道和氧气管道不应敷设在同一支架上，且不应敷设在煤气管道的同一侧。

氧气、乙炔、煤气、燃油管道，应架设在非燃烧体支架上；当沿建（构）筑物的外墙或屋顶敷设时，该建（构）筑物应为无爆炸危险的一、二级耐火等级厂房。氧气、乙炔、煤气、燃油管道，架空有困难时，可与其他非燃烧气体、液体管道共同敷设在用非燃烧体作盖板的不通行的地沟内；也可与使用目的相同的可燃气体管道同沟敷设，但沟内应填满砂，并不应与其他地沟相通。氧气与燃油管道不应共沟敷设；油脂及易燃物不应漏入地沟内。其他用途的管道横穿地沟时，其穿过地沟部分应套以密闭的套管，且套管伸出地沟两壁的长度各约 0.2 m。

煤气、乙炔等可燃气体管线，应设吹扫用的蒸汽或氮气吹扫接头；吹扫管线应防止气体串通。氧气、乙炔管道靠近热源敷设时，应采取隔热措施，使管壁温度不超过 70 ℃。

氧气、乙炔、煤气、燃油管道，应有良好的导除静电装置，管道接地电阻应不大于 10 Ω，每对法兰间总电阻应小于 0.03 Ω，所有法兰盘连接处应装设导电跨接线。氧气管道每隔 90～100 m 应进行防静电接地，进车间的分支法兰也应接地，接地电阻应不大于 10 Ω。

不同介质的管线，应涂以不同的颜色，并注明介质名称和输送方向。阀门应设功能标志，并设专人管理，定期检查维修。

117. 给排水系统应注意哪些安全问题?

（1）生产线消防给水，应采用环状管网供水；环状或双线给水管道，应保证更换管道和闸阀时不影响连续供水。

（2）最低温度在-5 ℃以下的地区，间断用水的部件应采取防冻措施。

（3）供水系统应设两路独立电源供电，供水泵应设置备用水泵。

（4）安全供水水塔（或高位水池），应设置水位显示和报警装置；应使塔内存水保持流动状态，并应定期放水清扫水塔。

（5）采用喷嘴喷淋水的给水管，应装设管道过滤器，避免较大粒径悬浮物带入喷水管。

118. 氧气、煤气管道有哪些安全要求？

（1）氧气管道应符合以下要求：

1）新敷设的氧气管道，应脱脂、除锈和钝化；氧气管道在检修和长期停用之后再次使用，应预先用无油压缩空气或氮气彻底吹扫。

2）氧气管道的阀门，应选用专用阀门。

3）氧气管道和氧气瓶冻结时，可采用热水或蒸汽解冻，不应采用火烤、锤击解冻。

（2）煤气管道应符合以下要求：

1）煤气进入车间前的管道，应装设可靠的隔断装置。

2）在管道隔断装置前、管道的最高处及管道的末端，应设置放散管；放散管口应高出煤气管道设备、走台 4 m，离地面不小于 10 m，且应引出厂房外。

3）炼钢车间煤气间断用户，不宜使用高炉煤气或转炉煤气。

119. 修炉作业对施工区的安全要求有哪些？

（1）施工区应有足够照明，危险区域应设立警示标志及临时围栏等。有可能泄漏煤气、氧气、高压蒸汽、其他有害气体与烟尘的部位，应采取防护措施。

（2）电炉修炉区，应设专用平台或搭建稳固的临时平台，使作业人员能安全方便地进出炉壳。

（3）施工区域耐火砖砖垛重量不应超过平台承重要求，高度应不超过 1.9 m，重质耐火砖砖垛高度不超过 1.5 m，垛间应留宽度大于 1 m 的人行通道。施工区域至车间外部，应临时建立废砖清运、耐火材料输送的专用通道，以保证安全有序、物流畅通。

（4）高处作业人员应佩戴安全带。搭建修炉脚手架应经检查连接牢固，脚手架离工作面 0.05~0.1 m，负荷不应超过 279 kg/m^2，其上物料不应集中放置；倾斜跳板宽度应不小于 1.5 m，坡度不大于 30°，防滑条间距应小于 0.3 m。

120. 转炉及电炉修炉有哪些安全要求?

（1）转炉修炉。转炉修炉洗炉时应制定可靠的安全措施。应事先全面清除炉口、炉体、汽化冷却装置、烟道口烟罩、溜料口、氧枪孔和挡渣板等周围的残钢和残渣，然后进行拆炉。

修炉之前，应切断氧气，堵好盲板，移开氧枪，切断炉子倾动和氧枪横移电源；关闭汇总散状料仓并切断气源；炉口应支好安全保护棚，在作业的炉底车、修炉车两侧设置轨道铁，切断钢包车和渣车的电源。

应认真执行停电、挂牌制度；修炉时，除修炉人员、监督人员外，其他非必要人员不应靠近。在炉体内外作业，除执行停电挂牌制度外，还应将炉体倾动制动器锁定。

采用上修法时，活动烟道移开后，应关闭一次除尘风机插板阀，转炉内应进行通风。烟道口应采取防止坠物伤人的安全措施。采用复吹工艺时，检修前应将底部气源切断，并应采取隔离措施。

（2）电炉修炉。电炉倾动机械应锁定，炉盖旋开锁定，液压站关闭，并关闭液压回路手动阀。

炉前碳氧喷枪应转至停放位并切断气源，炉底搅拌气源应切断，并采取隔离措施；氧燃烧嘴或炉壁氧枪的氧气应切断，并采取隔离措施。

吊运砖垛与物料应牢固可靠，人员应避开；炉内砖垛高度应不超过 1 m。

操作者应站在炉壳外放置胎模，每节胎打满时应注意防止风锤崩出伤人。

冶金煤气安全知识

一、煤气安全基础知识

121. 冶金煤气安全生产的特点是什么?

煤气作为气体燃料，具有输送方便，燃烧均匀，温度、用量易于调节等优点，是工业生产的主要能源之一。在冶金企业里，煤气是高炉炼铁、焦炉炼焦、转炉炼钢的副产品，又是冶金炉窑加热的主体燃料。

煤气是混合物，由于成分不一样，煤气体现的危险性也不一样。从安全的角度，最关心的是一氧化碳、氢气、甲烷三种成分，它们既是危险成分，也是有用成分，具有较高的热值。煤气中毒，主要是一氧化碳中毒。煤气中的氢气和甲烷具有爆炸性，爆炸极限越低，煤气爆炸性越强。冶金煤气的种类、成分及含量见表 5-1。

通过表 5-1 可以看出，焦炉煤气中一氧化碳含量比较低，毒性最小，但爆炸下限最低，爆炸性很强；转炉煤气一氧化碳最高，含量占 63%~66%（体积分数），毒性相当强；高炉煤气既有毒性，又有爆炸性。

表 5-1　　冶金煤气的种类、成分及含量

种类 \ 成分%	一氧化碳	氢气	甲烷	爆炸范围
焦炉煤气	6~9	58~60	22~25	4.5~35.8
高炉煤气	26~29	2.0~3.0	0.1~0.4	35.0~72.0
转炉煤气	63~66	2.0~3.0	—	12.5~74.0
铁合金炉煤气	60~63	13~15	0.5~0.8	7.8~75.07
发生炉煤气	27~31	7~10	16~18	21.5~67.5

122. 煤气火灾、爆炸的原因是什么？预防措施有哪些？

（1）导致煤气火灾事故的原因。

1）在焦炉地下室或者在平炉炉台下一层带煤气抽堵盲板时，煤气大量逸出，与火源接触，发生着火事故；煤气设备动火时泄漏的煤气引起着火。

2）带煤气作业时使用铁质工具，产生撞击火花；附近有火源或裸露的蒸汽管道，也易引起火灾事故。

3）煤气设备停产检修时，煤气未吹扫干净，又未准备好灭火设施而动火，发生火灾事故；煤气管道停产检修时，管道内的萘等存积物或硫化铁自燃起火。

4）雷击或焦炉煤气放散口积存硫化铁，引起着火事故。

煤气火灾事故的预防措施：

1）带煤气作业时，40 m 以内禁止一切火源。不采取特殊安全措施，严禁在焦炉地下室带煤气作业。严格执行煤气设施和煤气区域动火作业的管理制度。

2）带煤气作业应在降低压力的状况下进行，使用铜质工具或铝青铜合金工具，禁止使用铁质工具；带煤气作业地点附近的裸露高温

管道，应作绝热处理。

3）在煤气设备上动火，应备有防火灭火设施。停煤气后动火的设备必须清扫干净。

4）防止煤气泄漏，保证煤气设施的严密性，发现泄漏及时处理。

（2）导致煤气爆炸事故的原因。

1）工业炉窑内温度尚未达到燃点温度时就输入煤气，使炉窑内形成爆炸性混合气体，点火时发生爆炸事故；工业炉窑送煤气点火时，操作人员误把煤气旋塞的开启当成关闭，将煤气送入炉窑，点火发生爆炸；工业炉窑第一次点火时，送煤气未点燃，未经处理剩余煤气就第二次点火，发生爆炸。

2）工业炉窑的送风机突然停电，煤气不能完全燃烧，部分煤气从烧嘴窜入空气管道，发生爆炸；强制送风的炉窑未开风机，煤气由闸阀窜入送风管，点火时发生爆炸。

3）煤气设备停产后，未将煤气处理干净，又未经爆炸试验，动火发生爆炸；煤气发生炉的送风机突然停电，煤气倒流窜入空气管道，发生爆炸。

4）准备投产的煤气管道，与有煤气的管道没有用堵盲板隔断，煤气由闸阀漏入新管道，未经空气分析检查，动火发生爆炸。

5）煤气设备停产检修，设备内的煤气已清除，检验合格，允许动火，后因蒸汽管未与煤气设备断开，另一台正常生产的煤气设备的煤气沿蒸汽管道及闸阀窜入检修的这台设备中，第二次动火时未经化验检查，发生爆炸；煤气设备着火时，未通入蒸汽或氮气充压，未切断煤气来源，发生回火爆炸。

煤气爆炸事故的预防措施：

1）在职工中广泛开展危险预知培训，凡直接接触、操作、检修煤气设备的职工，都要熟悉煤气设备的结构及性能，了解煤气的危险性，掌握煤气设备的安全标准化操作要领，经考试并取得合格证后，方可上岗操作。

2）煤气设备停产检修时，必须将煤气处理干净，并将其与正常生产的煤气设备用盲板或闸阀和水封隔断，把煤气设备上的蒸汽管、水管断开。

3）在煤气设备上动火或炉窑点火送煤气之前，必须先做气体分析。一般停产检修的煤气设备内空气中的氧含量应在20.5%（体积分数）以上，炉窑点火送煤气时，煤气中的氧含量应不大于1%（体积分数）。

4）对容易泄漏煤气的场所，应防止激发能源，并设置自动报警装置。各类设备及电气照明应依据爆炸场所等级，采用相应的防爆类型。

123. 煤气中毒的原因是什么？预防措施有哪些？

（1）发生煤气中毒的主要原因。

1）煤气泄漏。存在泄漏煤气的部位有高炉风口、热风炉煤气闸阀、高炉冷却架、煤气蝶阀组传动轴、煤气管道的法兰部位、煤气鼓风机围带等处，作业人员在这些区域作业最容易发生煤气中毒事故。

2）煤气压力因事故骤然升高，有时会超过最大工作压力，使煤气系统排水槽中的水被鼓出，泄漏大量煤气而导致中毒事故。煤气设备年久失修，如高压排水槽内排水管腐蚀、补偿器腐蚀等，发生煤气泄漏中毒事故。

3）剩余高炉煤气放散管的高度不够，或距生活区、居民区太近，或煤气没有点燃就放散，加上风向等气候原因，极可能造成集体中毒事故。

4）煤气设备和蒸汽或生活用气，特别是浴室用气连接在一起，当蒸汽压力低于煤气压力时，煤气倒流入蒸汽管，窜入浴室导致中毒事故；煤气排水槽下水道与其他房间下水道相通，部分煤气可以从下水道窜入其他房间，导致中毒。

5）高炉检修时先用热风烘炉，但废气阀未用盲板或砌砖切断，各个风口又未用泥堵死，致使废气窜入高炉内导致检修工人中毒。检修煤气设备时未可靠切断煤气来源，煤气进入设备内易导致中毒。

6）操作煤气叶形插架时，未佩戴氧气呼吸器造成中毒。带煤气作业时，未佩戴或正确使用呼吸防护用品导致中毒。

（2）预防煤气中毒的主要措施。

1）制定煤气设备的维修制度，及时检查，发现泄漏，及时处理。

2）对煤气实行分级管理。根据一氧化碳的含量，将作业区域分成一、二、三类煤气危险区域。在一类煤气危险区域作业，作业人员必须戴氧气呼吸器或通风口罩，并应有人在现场监护；在二类煤气危险区域作业，应准备好氧气呼吸器或有人监护；在三类煤气危险区域作业，虽然可不用氧气呼吸器但也要加强检测。

3）加强作业环境中一氧化碳浓度的监测，采取有效的个体防护措施，配备必要的防护器具和急救器材，如一氧化碳检测报警器、空气呼吸器等，平时要经常检查，确保器具有效。

◎事故案例

某年6月4日，某钢铁公司燃气发电二期工程高炉煤气净化系统中电除尘器和丝网脱水器引入高炉煤气后，由两台循环水泵为电除尘器和丝网脱水器正常供水。6 月 10 日上午，因丝网脱水器的供水水泵故障，值班人员把电除尘器和丝网脱水器的供水水泵和阀门全关闭，同时将水泵房的水泵和阀门全关闭。由于煤气洗涤水泵房净水池的水脏，当天二期工程项目部安排进行水池清理，项目部安排人员当天下午带一台水泵到煤气洗涤房对水池进行抽水。6 月 11 日中午，水池内水基本上抽干。13 时，3 名相关人员到水泵房查看清理水池的情况，由于未采取防护措施，发生煤气中毒，后施救人员也有 3 人中毒，造成了 6 人死亡的重大事故。

事故原因：循环水泵房净水池中的水抽干后，破坏了水封作用，煤气倒窜入净水池内，导致人员中毒是这次事故的直接原因。水池设计标高-0.5 m，水池底部标高-4 m，取水槽标高-6 m，水泵取水口标高-5.5 m，设计在最高水位-0.5 m，最低水位-3 m 时，计算机显示屏上有红色闪烁报警。正常情况下，池内水压起到水封作用，煤气不会窜入水池，当发生最低水位报警时，水池中 2.5 m 高的水位仍然可以起到水封作用。6 月 11 日 13 时前，水池取水槽内的水已基本抽干，失去了水封作用；供水管路中多功能水阀、蝶阀、闸阀隔断煤气功能不可靠；供水管路中 U 型弯水柱起不到水封作用，造成煤气由电除尘器、丝网脱水器通过供水管路倒窜至水池内，从而导致人员中毒死亡。

124. 煤气事故的处理规则有哪些？

（1）发生煤气中毒、着火、爆炸和大量泄漏煤气等事故，应立即报告调度室和煤气防护站。发生煤气着火事故应立即拨打火警电话。发生煤气中毒事故应立即通知附近卫生所。发生事故后应迅速查明事故情况，采取相应措施，防止事故扩大。

（2）抢救事故的所有人员都应服从统一领导和指挥，指挥人应是企业领导（厂长、车间主任或值班负责人）。

（3）事故现场应划出危险区域，布置岗哨，阻止非抢救人员进入。进入煤气危险区的抢救人员应佩戴呼吸器，不应用纱布口罩或其他不适合防止煤气中毒的器具。

（4）查明事故原因和采取必要安全措施前，不应向煤气设施恢复送气。

125. 如何进行煤气火灾、爆炸事故的处理?

（1）煤气着火事故的处理。

1）由于设施不严密而轻微泄漏煤气引起的着火，可用湿泥、湿麻袋等堵住着火处，待火熄灭后再按有关规定补好泄漏处。

2）煤气管道着火，管道直径小于或等于 100 mm 的可直接切断煤气灭火；管道直径大于 100 mm 的应逐渐降低煤气压力，通入大量蒸汽或氮气，但煤气压力不应低于 100 Pa，不应突然关闭煤气阀门，以防回火爆炸。煤气压力下降后引起的管道着火，可用黄泥、湿麻袋、石棉布等堵灭、捂灭，也可用蒸汽或灭火器扑灭。在通风不良的场所，煤气压力降低以前不要灭火，否则灭火后煤气仍大量泄漏，会形成爆炸性气体，遇烧红的设施或火花，可能引起爆炸。

3）煤气隔断装置、压力表或蒸汽、氮气接头，应有专人控制操作。

4）煤气设施内沉积物（如萘、焦油、硫化铁等）着火时，可将设施的人孔、放散管等一切与大气相通的附属孔关闭，使其隔绝空气自然灭火，同时应通入蒸汽或氮气。

5）煤气设施已烧红时，不应用水骤然冷却，以防煤气设施急剧收缩造成变形断裂而泄漏出煤气。

（2）煤气爆炸事故的处理。

1）发生煤气爆炸事故后，应立即切断煤气来源，迅速将剩余煤气处理干净，防止二次爆炸。

2）对爆炸地点应加强警戒，在爆炸地点 40 m 以内不应有火源。

126. 如何进行煤气中毒事故的处理?

（1）将中毒者迅速、及时地救出煤气危险区域，抬到空气新鲜的地方，解除阻碍呼吸的衣物，并注意保暖。抢救场所应保持清静、通风，并指派专人维持秩序。

（2）中毒轻微者，如出现头痛、恶心、呕吐等症状，可直接送往附近卫生所急救。

（3）中度中毒者，如出现意识模糊、口吐白沫等症状，应立即进行现场输氧，等其恢复知觉、呼吸正常后，再送附近卫生站治疗。

（4）重度中毒者，如出现失去知觉、呼吸停止等症状时，应立即施行人工呼吸或强制苏生；在恢复知觉之前，不准用车送往较远的医院。

二、煤气的生产、回收和净化知识

127. 煤气发生炉应满足哪些安全要求?

（1）煤气发生炉炉顶设有探火孔，探火孔应有汽封，以保证从探火孔看火及插扦时不漏煤气。

（2）水套集汽包应设有安全阀、自动水位控制器，进水管应设止回阀，严禁在水夹套与集汽包连接管上加装阀门。

（3）煤气发生炉的进口空气管道上，应设有阀门、止回阀和蒸汽吹扫装置。空气总管末端应设有泄爆装置和放散管，放散管应接至室外。

（4）煤气发生炉的空气鼓风机应有两路电源供电。两路电源供电有困难的，应采取防止停电的安全措施。

（5）从热煤气发生炉引出的煤气管道应有隔断装置，如采用盘形阀，其操作绞盘应设在煤气发生炉附近便于操作的位置，阀门前应设有放散管。

（6）以烟煤气化的煤气发生炉与竖管或除尘器之间的接管，应有消除管内积尘的措施。

（7）新建、扩建煤气发生炉后的竖管、除尘器顶部或煤气发生炉出口管道，应设能自动放散煤气的装置。

128. 高炉煤气的回收和净化应符合哪些安全要求？

（1）高炉冷却设备与炉壳、风口、渣口以及各水套均应密封严密，软探尺的箱体、检修孔盖的法兰、链轮或绳轮的转轴轴承应密封严密。

（2）硬探尺与探尺孔之间应用蒸汽或氮气密封，炉顶双钟设备的大、小钟钟杆之间应用蒸汽或氮气密封。

（3）料钟与料斗之间的接触面应采用耐磨材料制造，经过研磨并检验合格；无料钟炉顶的料罐上下密封阀，应采用耐热材料的软密封和硬质合金的硬密封；旋转布料器外壳与固定支座之间应密封严密。

（4）炉喉应有蒸汽或氮气喷头。

（5）炉顶放散管的高度应高出卷扬机绳轮工作台 5 m 以上。放散管的放散阀的安装位置应便于在炉台上操作。放散阀座和阀盘之间应保持接触严密，接触面宜采用外接触。

129. 高炉煤气回收和净化过程中用到哪些除尘器？应符合哪些安全规定？

（1）重力除尘器及安全规定。重力除尘器应设置蒸汽或氮气的管接头；顶端至切断阀之间，应有蒸汽、氮气管接头。重力除尘器顶及各煤气管道最高点应设放散阀。

（2）电除尘器及安全规定。电除尘器入口、出口管道应设可靠的隔断装置；当煤气压力低于 5×10^2 Pa 时，应设有能自动切断高压电源并发出声光信号的装置；当高炉煤气含氧量达到 1%（体积分数）时，应设有能自动切断电源的装置；应设有放散管、蒸汽管、泄爆装置；沉淀管（板）间，应设有带阀门的连通管，以便放散其死角煤气或空气。

（3）布袋除尘器及安全规定。布袋除尘器每个出入口应设有可靠的隔断装置；每个箱体应设有放散管；应设有煤气高、低温报警和低压报警装置；采用泄爆装置；布袋除尘器反吹清灰时，不应采用在正常操作时用粗煤气向大气反吹的方法；布袋箱体向外界卸灰时，应有防止煤气外泄的措施。

◎事故案例

某日 9 时，某钢铁公司 2 号高炉的重力除尘器顶部泄爆板爆裂，造成煤气泄漏，当班工作人员有 40 多人，其中 17 人死亡。

130. 焦炉煤气回收系统应符合哪些规定?

（1）装煤车的装煤漏斗口上应有防止煤气、烟尘泄漏的设施；炭化室装煤孔盖与盖座间、炉门与炉门门框间应保持严密；焦炉地下室应加强通风，两端应有安全出口，并应设有斜梯。地下室煤气分配管的净空高度不小于1.8 m。

（2）上升管内应设氨水、蒸汽等喷射设施；在吸气弯管上应设自动压力调节翻板和手动压力调节翻板。

（3）一根集气管应设两个放散管，分别在吸气弯管的两侧；并应高出集气管走台5 m以上，放散管的开闭应能在集气管走台上操作；集气管一端应装有事故用工业水管；集气管上部应设清扫孔，其间距以及平台的结构要求，均应便于清扫全部管道，并应保持清扫孔严密不漏。

（4）采用双集气管的焦炉，其横贯管高度应能使装煤车安全通过和操作，在对着上升管口的横贯管管段下部设防火罩。

（5）交换装置应按先关煤气，后交换空气、废气，最后开煤气的顺序动作。要确保炉内气流方向符合焦炉加热系统图。交换后应确保炉内气流方向与交换前完全相反，交换装置的煤气部件应保持严密。

（6）废气瓣的调节翻板（或插板）全关时，应留有适当的空隙，在任何情况下都应使燃烧系统具有一定的吸力。

131. 焦炉煤气冷却、净化系统应符合哪些规定?

（1）焦炉煤气冷却、净化系统中的各种塔器，应设有吹扫用的蒸汽管；各种塔器的入口和出口管道上应设有压力计和温度计。

（2）塔器的排油管应装阀门，油管浸入溢油槽中，其油封有效高度为计算压力加 500 mm。

（3）电捕焦油器设在抽气机前时，煤气入口压力允许负压，可不设泄爆装置。在鼓风机后，应设泄爆装置，设自动的连续式氧含量分析仪，煤气含氧量达 1%（体积分数）时报警，达 2%（体积分数）时切断电源。

132. 转炉煤气回收净化系统应遵守哪些安全要求？

（1）转炉煤气活动烟罩或固定烟罩应采用水冷却，罩口内外压差保持稳定的微正压。烟罩上的加料孔、氧枪、副枪插入孔和料仓等应密封充氮，保持正压。活动烟罩的升降和转炉的转动应联锁，并应设有断电时的事故提升装置。

（2）转炉煤气回收设施应设充氮装置及微氧量和一氧化碳含量的连续测定装置。当煤气含氧量超过 2%（体积分数）或煤气柜位高度达到上限时应停止回收。

（3）每座转炉的煤气管道与煤气总管之间应设可靠的隔断装置。

（4）转炉煤气抽气机应一炉一机，放散管应一炉一个，并应间断充氮，不回收时应点燃放散。

（5）湿法净化装置的供水系统应保持畅通，确保喷水能熄灭高温气流的火焰和炽热尘粒。脱水器应设泄爆膜。采用半干半湿和干法净化的系统，排灰装置必须保持严密。

（6）转炉操作室和抽气机室、加压机房之间应设直通电话和声光信号，加压机房和煤气调度之间设调度电话。转炉煤气回收净化区域应设消防通道。

（7）煤气回收净化系统应采用两路电源供电；活动烟罩的升降

和转炉的转动应联锁，并应设有断电时的事故提升装置。

三、煤气输配知识

133. 煤气管道架空敷设应注意哪些安全问题?

（1）煤气管道应架空敷设，若架空有困难的可埋地敷设。一氧化碳含量较高的，如发生炉煤气、水煤气、半水煤气、高炉煤气和转炉煤气等管道不应埋地敷设。

（2）应敷设在非燃烧体的支柱或栈桥上，不应在存放易燃易爆物品的堆场和仓库区内敷设，不应穿过不使用煤气的建（构）筑物、办公室、进风道、配电室、变电所、碎煤室以及通风不良的地点等。如需要穿过不使用煤气的其他生活间，应设有套管。

（3）架空管道靠近高温热源敷设以及管道下面经常有装载炽热物件的车辆停留时，应采取隔热措施；在寒冷地区可能造成管道冻塞时，应采取防冻措施。

（4）在已敷设的煤气管道下面，不应修建与煤气管道无关的建（构）筑物和存放易燃易爆物品。

（5）厂区架空煤气管道与架空电力线路交叉时，煤气管道如敷设在电力线路下面，应在煤气管道上设置防护网及阻止通行的横向栏杆，交叉处的煤气管道应可靠接地；在索道下通过的煤气管道，其上方应设防护网。

（6）架空煤气管道根据实际情况确定倾斜度。

（7）通过企业内铁路调车场的煤气管道不应设管道附属装置。

134. 架空煤气管道与其他管道共架敷设时应遵守哪些安全规定?

（1）煤气管道与水管、热力管、燃油管和不燃气体管在同一支柱或栈桥上敷设时，其上下敷设的垂直净距不宜小于 250 mm。

（2）煤气管道与在同一支架上平行敷设的其他管道的最小水平距离宜符合表 5-2 的规定。

表 5-2　　最小水平距离　　单位：mm

序号	煤气管道公称直径 / 其他管道公称直径	<300	300～600	>600
1	<300	100	150	150
2	300～600	150	150	200
3	>600	150	200	300

（3）与输送腐蚀性介质的管道共架敷设时，煤气管道应架设在上方，对于容易漏气、漏油、漏腐蚀性液体的部位如法兰、阀门等，应在煤气管道上采取保护措施。

（4）与氧气和乙炔气管道共架敷设时，应遵守有关规定。油管和氧气管宜分别敷设在煤气管道的两侧。

（5）与煤气管道共架敷设的其他管道的操作装置，应避开煤气管道法兰、闸阀、翻板等易泄漏煤气的部位。

（6）在现有煤气管道和支架上增设管道时，应经过设计计算，并取得煤气设备主管单位的同意。

（7）煤气管道和支架上不应敷设动力电缆、电线，但供煤气管道使用的电缆除外。

（8）其他管道的托架、吊架可焊在煤气管道的加固圈上或护板上，并应采取措施，消除管道不同热膨胀的相互影响，但不应直接焊在管壁上。

（9）其他管道架设在管径大于和等于 1 200 mm 的煤气管道上时，管道上面宜预留 600 mm 的通行道。

135. 煤气管道的试验应遵守哪些规定？

（1）煤气管道的计算压力等于或高于 1×10^{5} Pa，应进行强度试验，合格后再进行气密性试验。计算压力低于 1×10^{5} Pa，可只进行气密性试验。可采用空气或氮气做强度试验和气密性试验，并应做生产性模拟试验。

（2）对管道各处连接部位和焊缝，经检查合格后，才能进行试验，试验前不得涂漆和保温；将不能参与试验的系统、设备、仪表及管道附件等加以隔断；管道系统试验前，应用盲板与运行中的管道隔断；安全阀、泄爆阀应拆卸，设置盲板部位应有明显标记和记录。

（3）管道以闸阀隔断的各个部位，应分别进行单独试验，不应同时试验相邻的两段；在正常情况下，不应在闸阀上堵盲板，管道以插板或水封隔断的各个部位，可整体进行试验。

（4）用多次全开、全关的方法检查闸阀、插板、蝶阀等隔断装置是否灵活可靠；检查水封、排水器的各种阀门是否可靠；测量水封、排水器水位高度，并把结果与设计资料相比较，记入文件中。排水器凡有上、下水和防寒设施的，应进行通水、通蒸汽试验。

（5）清除管道中的一切脏物、杂物，放掉水封里的水，关闭水封上的所有阀门，检查完毕并确认管道内无人，关闭人孔后，才能开始试验。

（6）试验过程中如遇泄漏或其他故障，不应带压修理，测试数据全部作废，待正常后重新试验。

四、煤气使用设施安全知识

136. 煤气隔断装置应符合哪些安全要求?

（1）凡经常检修的部位应设可靠的隔断装置。焦炉煤气、发生炉煤气、水煤气（半水煤气）管道的隔断装置不应使用带铜质部件。寒冷地区的隔断装置，应根据当地的气温条件采取防冻措施。

（2）水封的给水管上应设给水封和止回阀。禁止将排水管、满流管直接插入下水道。水封下部侧壁上应安设清扫孔和放水头。U 型水封两侧应安设放散管、吹刷用的进气头和取样管。

（3）旋塞一般用于需要快速隔断的支管上，旋塞的头部应有明显的开关标志。

（4）煤气管道上使用的明杆闸阀，其手轮上应有“开”或“关”的字样和箭头，螺杆上应有保护套。

（5）盘形阀（或钟形阀）不能作为可靠的隔断装置，一般安装在污热煤气管道上。使用时应注意拉杆在高温影响下不歪斜，拉杆与阀盘（或钟罩）的连接应使阀盘（或钟罩）不致歪斜或卡住；拉杆穿过阀外壳的地方，应有耐高温的填料盒。

（6）盲板主要适用于煤气设施检修或扩建延伸的部位，应用钢板制成，并无砂眼，两面光滑，边缘无毛刺。盲板尺寸应与法兰有正确的配合，盲板的厚度按使用目的经计算后确定。堵盲板的地方应有撑铁，便于撑开。

◎**事故案例**

某日，某钢铁公司因管道盲板没有固定进罐检修导致一起缺氧窒息伤亡事故。钢铁公司动力厂检修车间在对水站2号旁滤器进行检修时，因检修人员进罐前没有打开已经接好在现场强制通风的轴流风机进行通风换气，现场加装的氮气管道盲板没有固定，导致2人窒息死亡。

137. 煤气放散装置应符合哪些安全要求?

（1）吹刷煤气放散管的安全要求。

1）下列位置应安设放散管：煤气设备和管道的最高处；煤气管道以及卧式设备的末端；煤气设备和管道隔断装置前，管道网隔断装置前后支管闸阀在煤气总管旁0.5 m内，可不设放散管，但超过0.5 m时，应设放气头。

2）放散管口应高出煤气管道、设备和走台4 m，离地面不小于10 m。厂房内或距厂房20 m以内的煤气管道和设备上的放散管，管口应高出房顶4 m。厂房很高，放散管又不经常使用，其管口高度可适当降低，但应高出煤气管道、设备和走台4 m。不应在厂房内或向厂房内放散煤气。

3）放散管口应采取防雨、防堵塞措施；根部应焊加强筋，上部用挣绳固定；放散管的闸阀前应装有取样管；煤气设施的放散管不应共用，放散气集中处理的除外。

（2）剩余煤气放散管的安全要求。

1）剩余煤气放散管应安装在净煤气管道上。

2）剩余煤气放散管应控制放散，其管口高度应高出周围建（构）筑物，一般距离地面不小于30 m，山区可适当加高，所放散的煤气应点燃，并有灭火设施。

3）经常排放水煤气（包括半水煤气）的放散管，应设有消声装置。

138. 煤气附属装置应符合哪些安全要求?

（1）泄爆阀。泄爆阀安装在煤气设备易发生爆炸的部位，应保持严密，泄爆口不应正对建（构）筑物的门窗。

（2）人孔、手孔及检查管。

1）闸阀后，较低的管段上，膨胀器或蝶阀组附近，设备的顶部和底部，煤气设备和管道需经常入内检查的地方，均应设人孔。

2）煤气设备或单独的管段上人孔一般不少于两个，可根据需要设置人孔；人孔直径应不小于600 mm，直径小于600 mm 的煤气管道设手孔时，其直径与管道直径相同；有砖衬的管道，人孔圈的深度应与砖衬的厚度相同；人孔盖上应根据需要安设吹刷管头。

3）在容易积存沉淀物的管段上部，宜安设检查管。

（3）管道标志和警示牌。厂区主要煤气管道应标有明显的煤气流向和种类的标志；所有可能泄漏煤气的地方均应挂有提醒人们注意的警示标志。

◎事故案例

某日，某炼钢厂2号转炉停炉检修，由于管道上的人孔没有明显的安全标志，使作业人员在现场不能对除尘管道进行明显辨识导致误操作打开人孔，造成人员窒息死亡事故。

139. 煤气加压站和混合站应符合哪些安全规定?

（1）管理室应装设二次检测仪表及调节装置。一次仪表不应引入管理室内。一次仪表室应设强制通风装置。管理室应设有普通电话。大型加压站、混合站和抽气机室的管理室宜设有与煤气调度室和用户联系的直通电话。

（2）站房内应设有一氧化碳监测装置，并把信号传送到管理室内，并应设有消防设备。

（3）有人值班的机械房、加压站、混合站、抽气机房内的值班人员不应少于 2 人。室内禁止烟火，如需动火检修，应有安全措施和动火许可证。

（4）煤气加压机、抽气机等可能漏煤气的地方，每月至少用检漏仪或用涂肥皂水的方法检查一次，机械房内的一次仪表导管应每周检查一次。

（5）煤气加压机械应有两路电源供电，如用户允许间断供应煤气，可设一路电源。焦炉煤气抽气机至少应有两台（一台备用），均应有两路电源供电，有条件时，可增设一台用蒸汽带动的抽气机。

（6）站房内主机之间以及主机与墙壁之间的净距应不小于 1.3 m；如用作一般通道应不小于 1.5 m；如用作主要通道，不应小于 2 m。房内应留有放置拆卸机件的地点，不得放置和加压机械无关的设备。

（7）两条引入混合的煤气管道的净距不小于 800 mm，敷设坡度不应小于 0.5%。引入混合站的两条混合管道，在引入的起始端应设可靠的隔断装置。

（8）混合站在运行中应防止煤气互串，混合煤气压力在运行中应保持正压。

（9）每台煤气加压机、抽气机前后应设可靠的隔断装置，发生炉煤气加压机的电动机必须与空气总管的空气压力继电器或空气鼓风机的电动机进行联锁。

（10）鼓风机的主电机采用强制通风时，如风机风压过低，应有声光报警信号。

140. 煤气柜分为哪两种？各有哪些安全要求？

（1）湿式煤气柜。

1）湿式煤气柜每级塔间水封的有效高度应不小于最大工作压力的1.5倍。

2）湿式煤气柜出入口管道上应设隔断装置，出入口管道最低处应设排水器，出入口管道的设计应能防止煤气柜地基下沉所引起的管道变形。湿式煤气柜的水封在寒冷地带应采取相应的防冻措施。

3）湿式煤气柜上应有容积指示装置，柜位达到上限时应关闭煤气入口阀，并设有放散设施，还应有煤气柜位降到下限时自动停止向外输出煤气或自动充压的装置。

4）湿式煤气柜应设操作室，室内设有压力计、流量计、高度指示计，容积上、下限声光信号装置和联系电话。湿式柜需设放散管、人孔、梯子、栏杆。

（2）干式煤气柜。

1）稀油密封型干式煤气柜的上部可设预备油箱；油封供油泵的油箱应设蒸汽加热管，密封油在冬季要采取防冻措施；底部油沟应设油水位观察装置。

2）干式煤气柜应设内、外部电梯，供检修及检查时载人用。电梯应设最终位置极限开关、升降异常灯。电梯内部应设安全开关、安全扣和联系电话。内部电梯供检修和保养活塞用。电梯应设有最终位置极限开关和防止超载、超速装置，还应设救护提升装置。活塞上部应备有一氧化碳检测报警装置及空气呼吸器。干式煤气柜外部楼梯的入口处应设门。

3）布帘式柜应设调平装置，活塞水平测量装置及紧急放散装置。用于转炉煤气回收时，柜前宜设事故放散塔。应设微氧量的连续测定装置，并与柜入口阀、事故放散塔的入口阀、炼钢系统的三通切换阀开启装置联锁。柜区操作室应设有与转炉煤气回收设施间的声光信号和电话设施。柜位应设有与柜进口阀和转炉煤气回收的三通切换阀的联锁装置。

4）控制室内应设活塞升降速度、煤气出入口阀、煤气放散阀的状态和开度等测定仪，及各种阀的开、关和故障信号装置以及与活塞上部操作人员联系的通信设备。

5）干式煤气柜除生产照明外还应设事故照明、检修照明、楼梯及过道照明、各种检测仪表照明以及外部升降机上、下出入口照明。

◎事故案例

某日，某钢铁集团公司热能厂 1×10^5 m^3 高炉煤气柜发生煤气泄漏事故。泄漏时间 75 min，泄漏量约为 10 980 m^3。事故导致 7 人轻微煤气中毒，16 人有煤气吸入反应，应急疏散周边居民和企业内部人员 900 余人。

141. 如何进行煤气柜的检验?

（1）湿式煤气柜的检验。

1）湿式煤气柜安装完毕，应进行升降试验，以检查各塔节升降是否灵活可靠，并测定每一个塔节升起或下降后的工作压力是否与设计的工作压力基本一致。有条件的企业可进行快速升降试验，升降速度可按 1. 0～1. 5 m/min 进行。没有条件的企业可只做快速下降试验。升降试验应反复进行，并不得少于 2 次。

2）湿式煤气柜安装完毕后应进行严密性试验。严密性试验方法分为涂肥皂水的直接试验法和测定泄漏量的间接试验法两种，无论采用何种试验方法，只要符合要求都可认为合格。直接试验法：在各塔节及钟罩顶的安装焊缝全长上涂肥皂水，然后在反面用真空泵吸气，以无气泡出现为合格。间接试验法：将气柜内充入空气，充气量约为全部储气容积的90%。以静置1天后的柜内空气标准容积为起始点容积，以再静置7天后的柜内空气标准容积为结束点容积，起始点容积与结束点容积相比，泄漏率不超过2%为合格。气柜在静置7天的试验期内，每天都应测定一次，并选择日出前、微风时、大气温度变化不大的情况下进行测定。如遇暴风雨等温度波动较大的天气时，测定工作应顺延。

（2）干式煤气柜的检验。干式煤气柜施工完毕，应按其结构类型检查活塞倾斜度、活塞回转度、活塞导轮与柜壁的接触面、柜内煤气压力波动值、密封油油位高度、油泵站运行时间等是否符合设计要求。干式煤气柜安装完毕后应进行速度升降试验和严密性试验。采用油封结构的干式煤气柜，应检查柜侧壁是否有油渗漏。

142. 煤气设施的操作应注意哪些安全问题?

（1）除有特别规定外，任何煤气设备均必须保持正压操作，在设备停止生产而保压又有困难时，则应可靠地切断煤气来源，并将内部煤气吹净。吹扫和置换煤气设施内部的煤气，应用蒸汽、氮气或烟气为置换介质。吹扫或引气过程中，不应在煤气设施上栓、拉电焊线，煤气设施周围40 m内严禁火源。

（2）煤气设施内部气体置换是否达到预定要求，应按预定目的，根据含氧量和一氧化碳分析或爆发试验确定。

（3）炉子点火时，炉内燃烧系统应具有一定的负压，点火程序必须是先点燃火种后给煤气，不应先给煤气后点火。凡送煤气前已烘炉的炉子，其炉膛温度超过 800 ℃时，可不点火直接送煤气，但应严密监视其是否燃烧。

（4）送煤气时不着火或者着火后又熄灭，应立即关闭煤气阀门，查清原因，排净炉内混合气体后，再按规定程序重新点火。

（5）凡强制送风的炉子，点火时应先开鼓风机但不送风，待点火送煤气燃着后，再逐步增大供风量和煤气量。停煤气时，应先关闭所有的烧嘴，然后停鼓风机。

（6）煤气系统的各种塔器及管道，在停产通蒸汽吹扫煤气合格后，不应关闭放散管；开工时，若用蒸汽置换空气合格后，可送入煤气，待检验煤气合格后，才能关闭放散管，但不应在设备内存在蒸汽时骤然喷水，以免形成真空压损设备。送煤气后，应检查所有连接部位和隔断装置是否泄漏煤气。

（7）各类离心式或轴流式煤气风机均应采取有效的防喘振措施。除应选用符合工艺要求、性能优良的风机外，还应定期对其动、静叶片及防喘振系统进行检查，确保处于正常状态。煤气风机在启动、停止、倒机操作及运行中，不应处于或进入喘振工况。

143. 进行煤气设施检修时应遵守哪些安全要求?

（1）煤气设施停煤气检修时，应可靠地切断煤气来源并将内部煤气吹净。长期检修或停用的煤气设施，应打开上下人孔、放散管等，保持设施内部自然通风。

（2）进入煤气设施内工作时，应检测一氧化碳及氧气含量。经检测合格后，允许进入煤气设施内工作时，应携带一氧化碳及氧气监测装置，并采取防护措施，设专职监护人。一氧化碳质量浓度不超过 30 mg/m^3 时，可较长时间工作；一氧化碳质量浓度不超过 50 mg/m^3 时，入内连续工作时间不应超过 1 h；不超过 100 mg/m^3 时，入内连续工作时间不应超过 0.5 h；在不超过 200 mg/m^3 时，入内连续工作时间不应超过 20 min。工作人员每次进入设施内部工作的时间间隔至少在 2 h 以上。

（3）进入煤气设备内部工作时，安全分析取样时间不应早于动火或进塔（器）前 0.5 h，检修动火工作中每 2 h 应重新分析。工作中断后恢复工作前 0.5 h，也应重新分析，取样应有代表性，防止死角。当煤气密度大于空气时，取中、下部各一气样；煤气密度小于空气时，取中、上部各一气样。

（4）打开煤气加压机、脱硫、净化和储存等煤气系统的设备和管道时，应采取防止硫化物等自燃的措施。在检修向煤气中喷水的管道及设备时，应防止水放空后煤气倒流。

（5）带煤气作业或在煤气设备上动火，应有作业方案和安全措施，并应取得煤气防护站或安全主管部门的书面批准。

（6）带煤气作业如带煤气抽堵盲板、带煤气接管、高炉换探料尺、操作插板等危险工作，不应在雷雨天进行，不宜在夜间进行；作业时，应有煤气防护站人员在场监护；操作人员应佩戴呼吸器或通风式防毒面具，并应遵守下列规定：

1）工作场所应备有必要的联络信号、煤气压力表及风向标志等。

2）距工作场所 40 m 内，不应有火源并应采取防止着火的措施，与工作无关人员应离开作业点 40 m 以外。

3）应使用不发火星的工具，如铜制工具或涂有很厚一层润滑油脂的铁制工具。

4）距作业点 10 m 以外才可安设投光器，不应在具有高温源的炉窑等建（构）筑物内进行带煤气作业。

（7）进入煤气设备内部工作时，所用照明电压不得超过 12 V。

（8）加压机或抽气机前的煤气设施应定期检验壁厚，若壁厚小于安全限度，应采取措施后，才能继续使用。

◎事故案例

某年 4 月 21 日，某冶金公司修建部在设备检修时，造成大量煤气泄漏逸出，一名检修工因吸入过量煤气而引起急性一氧化碳中毒。同年 5 月 2 日，公司炼铁厂 1 名点焊工在检修料车小轨道时，因料斗及其他设备煤气泄漏逸出，吸入过量煤气而引起急性一氧化碳中毒。同年 8 月 29 日，公司动力部一名检修工在对煤气管道进行维修，突然管道大量煤气泄漏逸出，造成该维修工吸入过量煤气而引起急性一氧化碳中毒。

原因分析：同一家企业在 4 个月的时间里，发生了 3 起急性一氧化碳中毒事故。事故均发生在设备检修过程中，设备意外泄漏，大量煤气逸出。究其原因，一方面是设备老化陈旧，容易引起煤气逸出；另一方面是公司在职业卫生和安全方面管理不力，缺乏完善的规章制度和操作规程，作业工人检修设备时不佩戴个体防护装备，普遍缺乏防范一氧化碳中毒知识和自我保护意识。

144. 煤气设备动火时应注意什么?

（1）在运行中的煤气设备上动火，设备内煤气应保持正压，动火部位应可靠接地，在动火部位附近应装压力表或与附近仪表室联系。

（2）在停产的煤气设备上动火，应用可燃气体测定仪测定合格，并经取样分析，其含氧量应接近作业环境空气中的含氧量；应将煤气设备内易燃物清扫干净或通上蒸汽，确认在动火全过程中不形成爆炸性混合气体。

◎相关知识

煤气设备动火可分为两类：一类是在停产煤气设备上动火；另一类是在运行中的煤气设备上动火。前一类安全动火浓度值（即混合煤气中煤气的安全含量）的确定就要从煤气含量0%～$L_{下}$（着火浓度下限）这个火焰非延区域内选择一个安全浓度值；后一类安全动火浓度值的确定则相反，需要从$L_{上}$（着火浓度上限）～100%这个火焰非延区域内选择一个安全浓度值。

煤气的停气动火，一般采用蒸汽或惰性气体置换可燃气体。把可燃性气体置换为零，是很难办到的。因此，我们可以通过下式求得较为适宜的安全动火浓度值，其中0.3为保安系数：

$$安全动火浓度=0.3\times L_{下}$$

在实际生产运用当中可以通过测定混合气体中的一氧化碳、氢气等可燃成分含量来确定是否可动火。在运行中的煤气设备上动火(包括煤气风机的启动、电除焦油器的投运、设备倒换等)，通常要取样分析煤气中氧含量的比值以确定安全可靠的程度。由于煤气是在运行中，其氧气含量的浓度变化不会太大，我们可以确定一个保安系数0.5。通过下式求得安全动火浓度值（煤气中安全氧含量）：

$$安全动火浓度=（1-L_{上}）\times 21\%\times 0.5\%$$

五、煤气调度室及煤气防护站安全知识

145. 煤气调度室应符合哪些安全要求？

（1）煤气调度室应设有各煤气主管压力，各主要用户用量，各缓冲用户用量，气柜储量等的测量仪器、仪表和必要的安全报警装置以及与生产煤气厂（车间）、煤气防护站和主要用户的联系电话。

（2）各使用煤气单位应服从煤气调度室的统一调度。当煤气压力骤然下降到最低允许压力时，使用煤气单位应立即停火保压，恢复生产时，应听从煤气调度室的统一指挥。

（3）煤气防护站应设煤气急救专用电话，应配备呼吸器、通风式防毒面具、充填装置、万能检查器、自动苏生器、隔离式自救器、担架、各种有毒气体分析仪、防爆测定仪及供危险作业和抢救用的其他设施（如对讲电话），并应配备救护车和作业用车等，且应加强维护，使之经常处于完好状态。

146. 煤气防护站的职责有哪些？

掌握企业内煤气动态，做好安全宣传工作；组织并训练不脱产的防护人员，有计划地培训煤气专业人员；组织防护人员的技术教育和业务学习，平时按计划定期进行各种事故抢救演习。

经常组织检查煤气设备及其使用情况，对煤气危险区域定期作一氧化碳含量分析，发现隐患时，及时向有关单位提出改进措施，并督促按时解决。

协助企业领导组织并进行煤气事故的救护工作。

参加煤气设施的设计审查和新建、改建工程的竣工验收及投产工作。审查各单位提出的带煤气作业（包括煤气设备的检修，运行时动火焊接等）的工作计划，并在实施过程中严格监护检查，及时提出安全措施及参与安排带煤气抽堵盲板、接管等特殊煤气作业。

氧气及相关气体安全知识

一、氧气及相关气体安全基础知识

147. 氧气及氢气安全生产的特点是什么?

氧气是无色、无味、无嗅的气体，比空气重。标准大气压下液化温度为-182.98 ℃。液氧系天蓝色、透明、易流动的液体。凝固温度为-248.4 ℃，呈蓝色固体结晶。

氧气与其他物质化合生成氧化物的氧化反应无时不在进行，纯氧中进行的氧化反应异常剧烈，同时放出大量热，温度极高。

氧气是优良的助燃剂，与一切可燃物可进行燃烧。与可燃气体如氢气、乙炔、甲烷、煤气、天然气等可燃气体，按一定比例混合后容易发生爆炸。氧气纯度越高，压力越大，越危险。各种油脂与压缩氧气接触，易自燃。

氢气的爆炸极限是4.1%~74.2%（体积分数），极易发生爆炸事故。氢气的点火能极低，发生泄漏后最明显的特征就是着火。

148. 预防氧气及相关气体事故的安全措施有哪些?

预防氧气及相关气体事故应从安全管理、安全装置及防护措施个方面入手。

（1）安全管理。

1）建立健全全员安全生产责任制和安全生产规章制度。

2）对从业人员进行安全生产教育和培训，保证从业人员掌握必要的安全生产知识和安全生产技能。

3）建立健全对厂房、工业建（构）筑物、管道及阀门、压力容器及重要机电设备的安全技术专业检查制度。

4）动火作业、设备内作业等危险作业实行许可制度，并设专人监护。

（2）安全装置及防护措施。

1）安全泄压装置。安全泄压装置是用以保证系统（容器、管道、设备等）安全运行，防止发生超压事故的一种保险装置。若系统压力超过规定值，它就自动将系统内的气体迅速排出一部分，使系统压力恢复正常值。

安全泄压装置有许多种类型，目前，冶金企业使用最多的是安全阀与防爆片。

2）报警停车联锁装置。该装置能够通过对一系列参数进行监控，发现异常或超限，自动报警和（或）停车。目前使用较普遍的是温度、压力、浓度、阻力、流量、液位报警停车联锁装置。

3）其他防护措施。氧气及相关气体事故的其他防护措施包括放散阀、逆止阀、防爆墙、防雷防静电接地等。

◎事故案例

某日，某钢厂大修增钢工程进入收尾调试阶段。15 时 35 分，工人刘某等 3 人到吹转炉厂房平台上氧气阀门操作室，开启氧气管道进口处闸板阀门时，氧气管道突然燃烧起火，造成管道火灾事故，9 人死亡，1人轻伤。

事故原因：在开启进口阀门时，排污阀门应关闭，但事后检查发现没有关闭，造成进口阀门前后压差过大，氧气流速过高；氧气管道内积存有氧化铁皮等杂质，高速流动的气体携带氧化铁皮在管道内摩擦生热，达到燃点引起爆炸。现场作业人员对氧气管网性能，尤其对高速气流所造成的危害程度认识不足，对试氧工作的关键环节布置不严密，要求不具体。

149. 氧气厂防护设施有哪些安全要求?

（1）一般防护设施的安全要求。

1）厂区四周应设围墙或围栏。

2）各种带压气体及低温液体储罐周围应设安全标志，必要时设单独围栏或围墙。储罐本体应有色标。

3）制氢间和氢气储罐区宜设高度不小于2.5 m的不燃烧体实体围墙与四周隔断，并设安全警戒标志。

4）厂区通行道路及露天工作场所和巡逻检查运转设备的路线，应有足够的照明灯具。

5）厂区高空管道阀门，应设操作平台、围栏和直梯。

（2）消防设施的安全要求。

1）厂内应设置消防车通道和消防给水设施，还应配备适当种类、数量的相应灭火器材。寒冷地区的消防给水设施应有防冻措施。

2）透平氧压机防护墙内宜设火灾自动报警系统。

3）计算机室、主控制室、配电室、电缆室（电缆沟、电缆隧道）等场所应设置火灾自动报警系统。分析室宜设火灾自动报警系统和可燃气体、助燃气体自动检测报警装置。

150. 氧气厂的防火防爆措施有哪些？

（1）灌氧站房充装台应设高不低于 2 m、厚不小于 200 mm 的钢筋混凝土防护墙，氧气压缩机间、净化间、氢气瓶间、储罐间、低温液体储槽间、汇流排间均应设有安全出口。

（2）灌氧站房、汇流排间、空瓶间和实瓶间均应有防止气瓶倾倒的措施，严防氧气瓶误装（尤其是氢、氧混装）、超装。

（3）氧压机、液氧泵、冷箱内设备、氧气及液氧储罐、氧气管道和阀门、与氧接触的仪表、工机具、检修氧气设备人员的防护用品等，必须严禁被油脂污染。空分装置应采取防爆措施，防止乙炔及碳氢化合物在液氧、液空中积聚、浓缩，引起燃爆。

（4）氧气放散时，在放散口附近严禁烟火。氧气的各种放散管，均应引出室外。氢气站要严禁烟火并设禁火标志，防止泄漏，杜绝氢、氧混合燃爆。

151. 氧气厂在职业防护方面应遵循哪些规定？

（1）采暖、空调。氧气厂（站、车间）内严禁用明火采暖。使用集中采暖，室内采暖计算温度按下列规定执行：储气囊间、储罐间为+5 ℃；空瓶间、实瓶间为+10 ℃。除上述房间外其他房间为+15 ℃。控制室、操作室、分析室等宜设空气调节设施。

（2）防噪声。车间操作区（包括流动岗位）作业时间内连续 8 h 接触噪声，最高不应超过 85 dB（A）；隔离操作控制室应在 70 dB（A）以下。现有生产车间的噪声超过标准的，应设隔声装置或单独的隔声操作室。对不能设隔声操作室的区域或岗位，应给操作人员配备耳塞或耳罩；噪声超过标准的设备、管道、设施应有相应的降噪声措施；

经常放散压缩气体的管口，应设置消声装置；应定期监测厂内噪声污染源，超标时应及时治理。

（3）防毒、防冻伤、防窒息。在使用溶剂脱脂时，应有良好的通风设施；作业人员应采取可靠防护措施，避免被液空、液氧、液氮、液氩等低温气体冻伤；盛装低温液体的敞口杜瓦容器最大充装量应控制在容器的2/3液位高，不准超装；各种气体放散管，均应伸出厂房墙外，并高出附近操作面4 m以上的安全处。地坑排放的氮气放散管口，距主控室不应小于10 m；生产、使用氮气、氩气及稀有气体的现场或操作室，须有良好的通风换气设施及明显的安全警示标志。仪表气源不宜使用氮气，必须使用时，应有防止人员窒息的防护措施；在检修作业中，应采取可靠措施和相应检测手段，并有专人监护，严防氮气、氩气及稀有气体等造成窒息事故；应对氮气、氩气及稀有气体的阀门严加管理，严禁误操作。

二、氧气及相关气体生产安全知识

152. 空压机有哪些安全要求?

（1）空压机入口的空气过滤器应按规定定期清扫或更换滤料。空压机入口不宜采用油浸式过滤器。

（2）大、中型空压机应设置防喘振、振动、轴位移、油压、油温、水压、水量、轴承温度及排气温度等报警联锁装置。开车前必须做好空投试验。未配备轴头、油泵的大、中型空压机，宜设高位油箱或压力油箱，并应设油压降时辅助油泵的自启动和停机联锁保护装置。

（3）空压机的所有防护联锁装置和安全附件，在启动前应进行检查，并确认处于完好状态，方可启动。

（4）空压机运行中发现不正常的声响、气味、振动或发生故障，应立即停车检查。大、中型空压机连续冷启动不宜超过3次，热启动不宜超过2次。启动间隔时间按设备操作说明书规定执行。

（5）活塞式空压机气缸的注油量、油质均须符合要求，严格控制气缸温度，不准超过规定值。气缸润滑油的闪点必须比压缩机空气正常排气温度高40 ℃以上，且应具有良好的抗氧化安定性。

（6）内压缩流程（氧气）的增压机与主空压机应同步运行，增压机与主空压机间的联锁保护装置应完善、可靠。

153. 氧压机有哪些安全要求?

（1）氧压机入口应设置可定期清洗的氧气过滤器。

（2）氧压机试车时，应用氮气或无油空气进行吹扫、试运行，严禁用氧气直接试车。

（3）透平氧压机应遵守的安全要求：轴密封必须完好，并保证轴封气的压力在规定值之内；防止冷却器漏水；长时间停机时，应充氮密封；设置可熔探针、自动快速氮气灭火或其他灭火设施。

（4）经常检查活塞式氧压机油密封圈的密封效果，发现问题及时修复，严防油被活塞杆带入气缸。

（5）氧压机正常工作时，各级压力、温度不准超过规定值。有异常振动和声音时，则应采取措施，直至停机检查；气缸用水润滑的氧压机运行中，应经常检查蒸馏水的供给情况，严禁缺水和断水，宜设断水报警停车装置。

（6）开关手动氧气阀门时必须侧身缓慢开启。带有旁通阀者，应先开旁通阀均压，发现异常声音应立即采取措施；氧压机着火时，必须紧急停车并同时切断氧气来源，发出报警信号。

（7）氧压机所有的零部件材质必须符合原设计要求。在未取得足够的试验数据证明可用代用材料前，不准随意变更氧压机零部件的材质。

◎相关知识

在巡检氧压机运行状况时要做到：一听、二摸、三看。即：听压缩机运转声音是否正常；摸压缩机润滑表面温度是否正常、摸冷却温度是否正常；看冷却水流量是否正常、看各级压力是否正常、看各级温度是否正常。

154. 液氧泵有哪些安全要求？

（1）液氧泵的入口应设过滤器。

（2）应设出口压力、轴承温度过高声光报警和自动停车装置。

（3）启动前应用干燥空气或氮气吹扫后再盘车检查。开车前应先开密封气，密封气压力应在规定范围内，经充分预冷后启动。运行中不准有液氧泄漏。停车后应立即排液，静置后解冻。

（4）轴承应使用专用油脂，并严格控制加油量，按规定时间清洗轴承和更换油脂。中、高压液氧泵与汽化器间应设安全保护联锁装置。

155. 空分装置有哪些安全要求？

（1）为防止空分装置液氧中的乙炔积聚，宜连续从空分装置中抽取部分液氧，其数量不低于氧产量的1%。排放液氧、液氮、液空或液氩，应向空中气化排放，并排放至安全处。

（2）应定期化验液氧中的乙炔、碳氢化合物和油脂等有害杂质的含量。大、中型制氧机液氧中乙炔质量分数不应超过 1.0×10^{-7}，小型制氧机不应超过 1.0×10^{-6}，超过时应排放；大、中型制氧机液氧中的碳氢化合物总质量分数不应超过 100×10^{-6}，超过时应排放；此外，还应严格按设备操作说明书和生产单位安全技术操作规程的规定执行。

（3）空气预冷系统应设空气冷却塔水位报警联锁系统及出口空气温度监测装置。

（4）各种吸附器必须按规定的使用周期再生，发现杂质含量超标应提前更换。

分子筛吸附器运行中必须严格执行再生制度，不准随意延长吸附器工作周期。分子筛吸附器出口应设二氧化碳监测仪，宜设微量水分析仪。再生温度、气量、冷吹温度应按规定控制，蒸汽加热器排气出口宜设微量水分析仪。

（5）可逆式换热器或蓄冷器，其阻力、中部温度与冷端温差均应控制在规定范围内，有足够的返流气体量，保证自清除效果。

（6）中、高压空分装置的精馏塔、吸附器及换热器，应根据实际情况定期排放、吹刷和清洗，带油较严重的应缩短周期。

（7）运行过程中应保持温度、压力、流量、液面等工艺参数的相对稳定，避免快速大幅度增减空气量、氧气量和氮气量，防止产生泛液等故障。

（8）空分冷箱应充入干燥氮气保持正压，并经常检查。大、中型空分冷箱应设有正负压力表、呼吸阀、防爆板等安全装置。

（9）空分冷箱上的防爆板动作或喷出珠光砂，应立即检查，必要时停车处理。空分装置事故停机时，应立即关闭氧、氮产品送出阀，并应有自动信号送至有关岗位。

156. 通风设施应注意哪些安全问题？

（1）制氢间、压氢间和氢瓶库等有爆炸危险的房间内，应设氢气检漏报警装置，并应与相应的事故排风机联锁。当室内氢气浓度达到0.4%（体积分数）时，事故通风机应能自动启动通风换气。设计时应按室内换气次数每小时不少于3次，事故通风每小时换气次数不少于12次进行计算。宜采用气楼式自然通风。

（2）氮气压缩机间的通风换气次数，应按室内空气中氧含量不小于19.5%（体积分数）的要求确定，设计时按室内换气次数每小时不少于3次，事故通风每小时换气次数不少于7次进行计算。宜设氧含量检测报警装置。

157. 低温液体的储存应符合哪些安全规定？

（1）保持粉末真空绝热式液氧罐夹层的真空度，使其绝对压力保持在1.36~6.80 Pa。粉末绝热低温液体储罐，应向绝热层充入无油干燥氮气并保持正压。低温液体储罐应定期检验安全阀、内外筒呼吸阀，定期检查定压排气调节阀、内外筒间密封气调节阀。

（2）严禁低温液体储罐的使用压力超过设计的工作压力，粉末绝热平底低温液体储罐应保证呼吸阀完好，控制排液速度，防止罐内产生负压，抽瘪内胆。

（3）液氧储罐液氧中乙炔含量，每周至少化验一次，其质量分数超过0.1×10^{-6}时，空分装置应连续向储罐输送液氧，以稀释乙炔浓度至小于0.1×10^{-6}（质量分数），并启动液氧泵和汽化装置向外输送。

（4）低温液氧储罐宜定期进行加温吹扫，彻底清除碳氢化合物等有害杂质。使用液氧储罐前，应用无油干氮吹刷干净，在罐内气体露点不高于-45 ℃，方可投入使用。

（5）汽化器出口应设有温度过低报警联锁装置，汽化器出口的气体温度应不低于-10 ℃。水浴汽化器水位应不低于规定线，还应设水温调节控制系统，水温应保持在40 ℃以上。水浴汽化器应定期对盘管进行查漏，汽化器的水温、出口气体温度及压力联锁报警装置应定期校验。

（6）当低温液体储罐出现外筒结露时，应查明原因，排除故障；当低温液体储罐出现外筒大面积结露或结霜时，应立即停用，排液加温至常温，可靠切断储罐与外部连接的管道，进行查漏。

（7）真空管道安全阀应定期校验，真空管道及真空软管出现大面积结霜时，不宜继续使用。

（8）低温液体储罐的最大充装量为几何容积的95%。

158. 充装气瓶时应符合哪些安全规定？

（1）充装气瓶前须经专人检查，发现问题应进行处理，否则严禁充装。

（2）设置充装超压报警装置，保证充装气瓶达到折合20 ℃时的压力不超过气瓶允许的工作压力；压力表、安全阀应定期校对，保持灵敏准确；严禁在压力下修理或拧动气瓶的零部件。

（3）气瓶的充气流量不得大于8 m^3/h，且充装时间不少于30 min。开关阀应缓慢进行，充填场各部均应禁油，严禁烟火；为限制气瓶充气流量，同批充装气瓶数量不准随意减少，也不准在充装中途插入空瓶充装。

（4）氧气充装台所用工具、接头、阀门应采用铜质材料；充装时所用密封材料由不燃和不产生火花材料制作；充装气瓶过程中，应经常使用手触摸瓶壁的方法巡回检查瓶壁温度是否正常，异常者立即停止充装；充装间或氧气瓶着火时，应立即切断氧气的来源，积极组织抢救，并向有关部门报告。

（5）充装间与气体压缩间应有可靠的充装联络信号，在充装间应设有压缩机紧急停车按钮；充装氢气的充装间的照明灯及其他电气器件，都必须采用防爆型；充装间的地面应平整、耐磨、防滑。

（6）用电解法制取的氢气、氧气，应严格执行定时测定氢、氧纯度的制度。当氢中含氧或氧中含氢的体积比超过0.5%时，严禁充装，同时应查明原因；氢气和氧气的充装不应设置在同一车间的充装台内，氧气和氢气必须采用防错装接头充装夹具，防止可燃气体和助燃气体混充混装。氧气和氮气不准使用同一充装线，应防止氧气与氮气混装。

（7）使用后的瓶内，必须留有0.05 MPa以上的剩余压力；充装氧气、氮气、氩气、氢气等气体时，不准漏气，氧气充装台外应有紧急切断阀。

◎事故案例

某日，某制氧厂在充装氧气前开瓶阀时气瓶发生爆炸，造成1人死亡，2人受伤。事故原因是：该气瓶内的气体为爆鸣性气体，开瓶阀时所产生的摩擦能量点燃了气瓶内的气体而发生爆炸。

159. 气瓶储存应符合哪些安全要求？

（1）气瓶的储存必须有专用瓶库，瓶库的建设必须经相关政府部门的批准。

（2）瓶库内不得有地沟、暗道，严禁明火和其他热源；瓶库内应通风，保持干燥；冬季集中供暖库房设计温度为 10 ℃，严禁采用煤炉、电热器取暖；可燃、有毒、窒息气体库房应有自动报警装置。

（3）气瓶入库应按照气体的性质、公称工作压力及空实瓶严格分类存放，并应有明确的标志。可燃气体的气瓶不可与氧化性气体气瓶同库储存；氢气不可与一氧化二氮、氨、氯乙烷、环氧乙烷、乙炔等同库；毒性气体气瓶和瓶内气体相互接触能引起燃烧、爆炸、产生毒物的，应分室存放并设置防毒用具。

（4）气瓶放置应整齐并佩戴瓶帽，留出通道。气瓶立放时，应有防倾倒措施；横放时，应防止滚动，头部朝向一方，堆放气瓶不宜超过 5 层。

（5）应当遵循先入库先发出的原则。应设立明显的警示标识，如“禁止烟火”“当心爆炸”等。

160. 电气设备控制应注意哪些安全问题？

（1）在易燃易爆区域不应任意接临时开关、按钮和一切电气设备。

（2）主电控制室内，应设置本厂（站、车间）主要电气设备运行控制、运行指示，故障报警联锁等装置，报警联锁系统应灵敏可靠。电动机启动过程中出现异常情况，应立即停车检查，在未查明原因处理前不准再次启动。

（3）电动机的保护装置与保护系统应有专人管理和定期检验，专门记录并保存系统的重要数据，不准随意改动保护装置的设定值与保护系统的重要参数。

（4）电气设备新安装或检修后送电前，应进行耐压、升温、绝缘保护等试验。控制系统应进行电路测试、功能检测，确保控制灵敏、可靠。运行后，应按规定周期进行停电检查、清扫。

（5）对各种电气安全信号装置要定期检查，执行巡回检查制度，在带电线路上发现有火花、火焰时，应立即与电工联系，断开线路，采取措施处理故障或灭火。

（6）电缆沟内、井内禁止有杂物及废油。电缆保护区内禁止修建临时性建筑或仓库，禁止堆放砖瓦、建筑器材、钢锭、垃圾、酸、碱等对电缆有害的物品以及易燃材料。

（7）电气设备和装置的外壳及金属外壳的电缆，必须采取保护性接地，接地电阻不应大于 4 Ω。电气线路和设备的绝缘必须良好。裸露带电导体应设置安全遮栏和明显的警示标志与良好照明。

161. 氮气生产有哪些安全规定?

（1）应选用无油润滑型的氮压机；氮压机必须有完善的保护系统；氮压站与空分主控室之间应设有可靠的停车报警联络信号或停车联锁装置，并建立联系制度。

（2）氮压机运转后，应对机后出口氮气进行分析，纯度合格后方准送入管网。储存系统出口及氮气用户入口处，宜建立完善的纯度监测和保护系统。

（3）新建和停产检修后再投入生产的氮气管道及设备，必须经氮气吹扫置换合格后方准投入使用；氮气管道不准敷设在通行地沟内。

（4）各种使用氮气的场所，应定期检测大气中的含氧量，其体积分数不应低于 19.5%。

（5）氮气宜高空排放。氮气排放口附近应挂警示牌，对地坑排放应设置警戒线，并悬挂“禁止入内”标志牌。

◎事故案例

某日，某公司煤化工项目的汽化装置 38 m 高处，2 人进入煤灰过滤器（S1504）进行内部清扫作业，1 人在罐外进行监护，因容器连接的管道中进入氮气，导致容器内 2 人窒息，监护人员发现后报警并同另外 2 人进入容器抢救，也晕倒在容器中。事故造成 3 人死亡，1 人受伤。

162. 氢气生产及设备有哪些安全要求？

（1）氢气站内严禁烟火，制氢间内不准放置易燃易爆或油类物品，周围必须设置明显的“严禁烟火”警示标志。不准穿带钉鞋和化纤或其他产生静电的衣、帽等进入生产、使用氢气的现场。氢气站内严禁使用明火和电热散热器取暖，严禁使用非防爆通信设备。

（2）氢气站厂房的避雷针与自然排风管口的水平距离应不小于 1.5 m，与机械排风管口的水平距离应不小于 3.0 m，与放散管的距离应不小于 5.0 m。避雷针应高出保护范围的管口 1.0 m 以上，氢气管道进出建（构）筑物必须接地。

（3）氢气站内所有电器应有良好的绝缘保护，站内不应挂设临时电气线路；电解槽内极片间的绝缘电阻应大于 1 kΩ；每天至少应测量一次电解槽的极间电压；氢气管道及储罐的接地必须良好，法兰连接应设金属导线跨接，其跨接电阻不大于 0.03 Ω。

（4）制氢设备、管道、容器上的安全水封及阻火器等安全装置，应完好、灵敏、可靠，并应定期检查。氢气洗涤器出口，湿式氢气储罐出口和进口等均应设置水封。

（5）应采用灵敏、可靠的自动控制系统，保持氢、氧分离器及洗涤器的压力平衡，最大压差不应超过规定值。

（6）制氢系统开车前，必须用氮气置换系统内的空气，并经化验合格，认真检查电极的接线是否正确，对地电阻应大于 1 MΩ。电解槽运行时，严禁用导体材料制作的工具直接接触电解槽或其他电气设备。电解槽周围地面应铺设绝缘胶板。

（7）对重要运行参数的监控，宜设置报警、停车联锁保护装置。操作人员应执行巡回检查制度，发现异常情况及时处理。宜设置氧中氢含量和氢中氧含量在线检测装置。当未设置在线检测装置时，应每小时分析一次氢气、氧气纯度，保证氢气纯度和氧气纯度均不低于 99.5%（体积分数），当氢气纯度低于 98%（体积分数）时应采取措施。处理不好时，应立即停止运行，排除故障后方可重新投入运行。

（8）氢气管道应架空敷设。在管道最低点应设排水装置，最高点应设放散管，并在管口处设阻火器。严禁氢气管道穿过不使用氢气的房间。新安装和停产检修后再投入生产的氢气管道应吹扫处理后，方可投入使用。送氢气前应先用纯氮气吹扫管道、容器内的空气，再用氢气置换氮气后，方可投入正常运行。

（9）湿式氢气储罐钟罩位置应有标尺显示高低。每小时应检查一次，并设置超高、过低的报警装置。氢气所用的仪表及阀门等零部件的密封必须良好，并定期检查，发现漏点应及时处理。室内氢气易泄漏和积聚处，宜设置浓度报警装置。

（10）氢气瓶应漆成淡绿色，并用红漆标明“氢气”字样。严禁氢气瓶与其他气瓶混用、混放、混装，必须避免暴晒和剧烈碰撞。新气瓶应用氮气置换空气，然后抽真空或用氢气置换氮气后方准使用。氢气使用时，严禁与空气、氧气等气体混合而形成爆炸气体。

三、氧气及相关气体输配安全知识

163. 氧气及相关气体的管道和储罐的颜色有哪些要求?

（1）设计、安装和维修气、液体管道时，管道外壁漆色标识应符合表 6–1 的规定。

表 6–1　管道外壁漆色标识

输送气、液体名称	管道颜色	色环
蒸汽	大红	—
空气	淡灰	—
氧气	淡蓝	—
氮气	浅黄	—
污氮	棕	—
氢气	红	白
氩气	银灰	—
上水	艳绿	—
下水	艳绿	黑
油（进）	黄	—
油（出）	黄	黑
加温解冻气	红	黑
消防水	红	挂牌标识

（2）管道上应漆有表示介质流动方向的白色或黄色箭头，底色浅的用黑色箭头。

（3）各类储罐的外壁或保温层外壁色标如下：

球形及圆筒形储罐的外壁最外层宜刷银粉漆。球形储罐的赤道带，应刷宽 400~800 mm 的色带。圆筒形储罐的中心轴带应刷宽 200~400 mm 的色带。色带的色标同表 6-1 的规定。

164. 液氧、液氮的槽车输送应符合哪些安全规定？

（1）液氧槽车应配装安全阀、液面计、压力表、防爆片和导静电等安全装置。槽车首次灌装液氧前，应使用无油干燥氮气吹扫，并经充分预冷。灌装的液氧不应超过储罐容积 90%。接头软管必须专用，严禁油脂污染。灌装液氧时应防止外溢，并有专人在场监护，灌装过程槽车应为熄火状态。

（2）行驶的液氧槽车，应避开闹市区和人口稠密区，并限速行驶。必须通过闹市区和人口稠密区时不准停靠。液氧槽车行驶时，应监视槽内压力，严禁超过规定值。放出液氧时，应控制排放速度。液氧槽车内有液氧时，不宜修理汽车。

（3）液氧槽车内液氧不宜长期储存，更不应混装其他液体，漆色标志应符合安全规定。液氧槽车应监视其保温层真空度，当表面结霜、真空度下降时，应及时处理，严重时停止使用。

165. 布置氧气管道应注意哪些安全问题？

（1）氧气管道必须架设在非燃烧体的支架上。

（2）架空氧气管道应在管道分岔处、与电力架空电缆的交叉处、无分岔管道每隔 80~100 m 处以及进出装置或设施等处，设置防雷，防静电接地措施。

（3）出氧气厂（站、车间）边界阀门后、氧气干管送往一个系统支管阀门后、进车间阀门后、调节阀组前和调节阀前、后的氧气管道宜设阻火铜管段。

（4）当氧气调节阀组设置独立阀门室或防护墙时，手动阀门的阀杆宜伸出防护墙外操作。若不单独设置阀门室或防护墙，氧气调节阀前后 8 倍调节阀公称直径的范围内，应采用铜合金（含铝铜合金除外）或镍基合金材质管道。

（5）氧气管道不应穿过生活间、办公室，也不宜穿过不使用氧气的房间，当必须穿过时，则该房间内应采取防止氧气泄漏等措施。

（6）氧气管道不宜穿过高温及火焰区域，必须通过时，应在该管段增设隔热设施，管壁温度不应超过 70 ℃。严禁明火及油污靠近氧气管道及阀门。

（7）氧气管道的弯头、三通不应与阀门出口直接连接。调节阀组、干管阀门、供一个系统的支管阀门、车间入口阀门，其出口侧的管道宜有长度不小于 5 倍管道公称直径且不小于 1.5 m 的直管段。

（8）供热切割用氧气支管与切焊工具或设备用软管连接时，供氧阀门及切断阀应设在用非燃烧体材料制作的保护箱内。

（9）氧气管道宜架空敷设。氧气管道可沿生产氧气或使用氧气的建（构）筑物构件上敷设。厂房内架空氧气管道的法兰、螺纹、阀门等易泄漏处下方，不应有建（构）筑物。

（10）氧气管道与乙炔、氢气管道共架敷设时，应在乙炔、氢气管道的下方或支架两侧；与油质、有可能泄漏腐蚀性介质的管道共架时，应设在该类管道的上方或支架两侧。

166. 氧气管道的安装、验收应遵守哪些安全要求?

（1）氧气管道、阀门及管件等在安装前，其清洁度应达到以下要求：

1）碳钢氧气管道、管件等应严格除锈，除锈可用喷砂、酸洗等方法。接触氧气的表面必须彻底除去毛刺、焊瘤、粘砂、铁锈和其他可燃物，保持内壁光滑清洁，管道的除锈应进行到出现本色为止。

2）氧气管道、阀门等与氧气接触的一切部件，安装前、检修后必须进行严格的除锈、脱脂。

3）脱脂可用无机非可燃清洗剂、二氯乙烷、三氯乙烯等溶剂，并应用紫外线检查法、樟脑检查法或溶剂分析法进行检查，直到合格为止。

脱脂后的碳钢氧气管道应立即进行钝化或充入干燥氮气封闭管口。进行水压试验的管道，脱脂后管内壁必须进行钝化。脱脂后的管道组件应采用氮气或空气吹净封闭，防止再污染，并应避免残存的脱脂介质与氧气形成危险的混合物。

在安装过程中及安装后应采取有效措施，防止受到油脂污染，防止可燃物、锈屑、焊渣、砂土及其他杂物进入或遗留在管内，并应进行严格的检查。

（2）管道的安装、焊接和施工、验收应满足以下要求：

1）焊接碳钢和不锈钢氧气管道时，应采用氩弧焊打底；

2）管道的切割和坡口加工，应采用机械方法；

3）管道预制长度不宜过长，应能便于检查管道内外表面的安装、焊接、清洁度质量。

（3）氧气管道安装后应进行压力和泄漏性试验，试验合格后方可投入运行。

167. 氧气管道的操作及维护应注意哪些事项？

（1）必须建立氧气管道档案，由熟悉管道流程的氧气专业人员进行管理。氧气管道作业人员应持证上岗。对氧气管道进行动火作业前，应制定动火方案。其内容包含负责人、作业流程图、操作方案、安全措施、人员分工、监护人、化验人等，并经有关部门确认后方可进行。

（2）手动氧气阀门的开启应缓慢进行，操作时人员应站在阀的侧面。采用带旁通阀的阀门时，应先开启旁通阀，使下游侧先充压，当主阀两侧压差小于等于0.3 MPa时再开主阀。禁止非调节阀门作调节使用。

（3）氧气管道或阀门着火时，应立即切断气源。

（4）碳钢氧气干管宜每5年进行一次吹扫，每5年进行一次管壁测厚，主要测定弯头及调节阀后的管道。

（5）施工、维修后的氧气管系，其中如有过滤器，则在送氧前，应确定氧气过滤器内清洁无杂物。氧气过滤器应定期清洗。

◎事故案例

某钢铁公司氧气厂6 000 m^3/h氧气站开工初期，有一次压氧系统停车，总送氧阀关闭，开车后，又将总送氧阀打开，但在开阀过程中，突然“唰”地一响，火焰一闪，十几米氧气管道瞬间烧光。

其主要原因是阀门开得过快，系统约2 MPa的高压氧气突然反窜氧压为0的氧站，此管段恰恰是盲肠管，就造成绝热压缩，管段急剧升温，引起燃烧。某变压器厂氧气站充氧台着火事故，原因也是高压时开阀速度过快，再加上高压阀的材质为抗燃性差的碳钢阀，在高压氧流摩擦冲击和绝热压缩的情况下，引起燃爆。

168. 气瓶的运输和装卸有哪些安全要求?

（1）运输工具上应有明显的安全标志。

（2）应佩戴好瓶帽、防震圈（集装气瓶除外），轻装轻卸，严禁抛、滑、滚、碰。

（3）吊装时应采用防滑落的专用器具。

（4）瓶内气体相互接触能引起燃烧、爆炸，产生毒气的气瓶，不得同车（厢）运输；易燃易爆、腐蚀性物品或与瓶内气体起化学反应的物品，不得与气瓶一起运输。

（5）气瓶装在车上应妥善固定。卧放时，头部朝向一方，垛高不得超过车厢高度，且不超过5层；立放时，车厢高度应超过瓶高的2/3。

（6）夏季运输应有遮阳设施，避免暴晒；在城市的繁华市区应避免白天运输。

（7）运输气瓶的车、船不得在繁华市区、重要机关附近停靠；车、船停靠时，司机与押运人员不得同时离开。

（8）沾染油脂的运输工具，不准装运氧气瓶。

四、氧气及相关气体使用安全知识

169. 使用管道氧气应注意哪些安全问题?

（1）供氧管网应建立完整的安全管理制度，禁止随意增设氧气用户或用点。连续使用或单位时间用氧量较大的用户，宜采用管道输送。

（2）根据用户使用要求，应设置相应的氧气调节装置。调节阀前应设置可定期清洗的过滤器。

（3）开启和关闭氧气阀门应按规定程序操作，氧气快速切断阀不宜快开。

（4）高炉使用富氧时，在连接鼓风管之前的氧气管道上应设快速切断阀，吹氧压力应能远距离控制。正常送氧时，高炉风机后富氧的氧气管道上应设逆止阀，氧气压力应大于冷风压力 0.1 MPa，低到接近该值时，应及时通知供氧单位。小于该值时，应停止供氧；高炉风机前富氧的系统，应设高炉风机停机断氧的联锁装置和充氮保护措施。当风中含氧超过规定值、热风系统漏风、风口被堵时，应停止加氧。当鼓风系统检修时，应关闭供氧阀门，并加堵盲板。

170. 炼钢用氧应遵守哪些安全规定？

（1）氧气调节装置应设置必要的流量、压力监测、自动控制系统、安全联锁、快速切断保护系统。

（2）氧压低于规定值，吹氧管应自动提升并发出声光信号；当氧枪（副枪）插进炉口一定距离与提出炉口一定距离时，氧气切断阀能自动开启或关闭。

（3）氧气放散阀及放散管口应避开热源和散发火花的位置，严防放散管内积存炉渣、粉尘等杂质。

（4）新氧枪投用前，应对冷却管层进行水压试验，试验压力为工作压力的 2.5 倍，并对连接胶管、管子、管件进行脱脂除油、脱水。

（5）当氧气压力、炉口氮封压力、压缩空气压力低于规定值；汽化冷却水装置和吹氧管漏；转炉烟罩严重漏水；转炉水冷炉口无水或冒水蒸气；氧枪粘枪超重或提不出；密封圈、氧压表、氧流量计、高压水压力表、水出口温度计等仪表失灵时，应停止吹氧。

（6）密切注视吹氧开始到吹氧结束的全过程，发现异常情况应及时检查处理。

171. 使用气瓶时应遵守哪些安全规定？

（1）不准擅自更改气瓶的钢印和颜色标记，严禁随意改装气瓶；气瓶使用前应进行安全状况检查，对盛装气体进行确认。

（2）气瓶的放置地点，不准靠近热源，距明火 10 m 以外；气瓶立放时应采取防止倾倒措施，严禁敲击、碰撞；夏季应防止暴晒；冬季气瓶阀冻结，严禁用明火烘烤；严禁在气瓶上进行电焊引弧；氧焊、气割作业时，火源与氧气瓶的间距必须大于 10 m。

（3）瓶内气体不准用尽，必须留有剩余压力，永久气体气瓶的剩余压力应不低于 0.05 MPa。

（4）在可能造成回流的场合，使用设备必须配置防止倒灌的装置，如单向阀、止回阀、缓冲罐等。

（5）与气瓶连接的接头、管道、阀门、减压装置，应采用铜合金制造，使用前必须严格检查，严防沾染油污、油脂和溶剂，内部不准积存锈渣、焊渣及其他机械杂质。

（6）减压装置前后应设置压力表，气流速度不应大于规定流速，用氧量较大时可采用汇流排，汇流排上应有向室外排放的放散管线及阀门。氧气汇流排充装管应采用紫铜管或金属软管。

（7）割炬氧气胶管应是专用耐压胶管。胶管在使用中，严防损坏、热烧伤、化学腐蚀。

◎事故案例

某年 5 月 25—27 日，某市连续发生 3 起氧气瓶爆炸事件，导致 4 人死亡，8 人受伤。其中，第二天爆炸的气瓶原为氢气瓶，后来充装氧气，导致同批充装的氧气瓶中多只气瓶内形成爆鸣性气体，从而导致气瓶爆炸。

172. 使用液氧应注意哪些安全问题?

（1）液氧汽化装置严禁明火或电加热气化。

（2）液氧罐投用前，必须按要求对系统进行试压、脱脂并用无油的干燥氮气进行吹扫，当罐体内气体露点不高于-45 ℃时，方准投入使用。严禁使用没有经过脱脂处理的容器盛装液氧。

（3）采用多级液氧泵增压时，液氧泵周围应建有符合安全要求的防护墙，电气开关应安装在墙外。泵体密封气应采用干燥、无油的氮气。密封气压力和流量应严格控制，满足设计要求。泵轴承的润滑油应按设备技术性能要求选择，采用耐高低温、不易燃烧的润滑油。液氧泵停车后和再启动前，必须用常温、干燥、无油的氮气进行吹扫；启动前，经过充分预冷，盘车检查、确认无异常现象后，方可启动。

（4）应严格监控液氧汽化器后的氧气温度不准低于-10 ℃。

（5）液体加压前的管道上应安装切断阀、安全阀、排液阀，加压后的管道上应设有止回阀。

（6）液氧排放口附近严禁放置易燃易爆物质及一切杂物。液氧排放口附近地面不应使用含有易燃易爆的材料（如沥青等）建造。

（7）必须设置专门的分析仪器，配备有专业人员，每周对液氧储罐内的乙炔含量进行分析，当超过 0.1×10^{-6}（体积分数）时，应排放液氧。

有色金属冶炼安全知识

一、铝冶炼安全知识

173. 氧化铝厂存在的主要危险有害因素有哪些?

（1）火灾、爆炸危害。氧化铝生产使用的燃料有天然气、煤气、重油、煤等，氧化铝厂部分车间建有高低压润滑油站、液压油站，因此焙烧炉及煤气管网、天然气管网、润滑油站及润滑油系统、液压油站及液压油系统等生产厂房及设备存在火灾、爆炸危险，其中尤以煤气最为危险。

（2）压力容器、压力管道爆炸危害。氧化铝生产系统中，压力容器及管道处处可见，如压缩空气储气罐、溶出反应釜、溶出反应管道、闪蒸器等。尤其是溶出段的压煮装置和蒸发段的蒸发器等，均以高温、高压蒸汽为热媒介，容器处于高温、高压、高碱的运行状态，当后继管道料流不畅、操作失误、监控失灵、电力供应失常、蒸汽供应失常、高压泵工作失常，用作安全保护的安全阀、缓冲槽、溢流槽不能有效发挥作用或超过其有效的保护极限等，均可能导致容器压力过高，压力无法释放，继而引发容器爆炸。

（3）腐蚀危害。氧化铝生产过程中使用大量的强碱、强酸，有强烈的腐蚀性，能与各种物质发生反应。生产过程中如因设备、管道密封不严，操作不当，管理不善等，都可能发生泄漏。腐蚀性物品泄漏危害主要是导致人体接触部位和呼吸道的灼伤，而且还可能造成设备受损，建（构）筑物遭腐蚀破坏，人员中毒。酸雾还可能威胁电气设备的安全运行。

（4）灼烫伤危害。包括强碱、强酸等化学品引起的灼伤和高温物体引起的烫伤。

（5）中毒和窒息。煤气站、石灰炉、煤气焙烧炉等作业场所存在一氧化碳等有害气体，工人过量吸入这些有害气体，可使人中毒或窒息。

（6）电气伤害。由于氧化铝生产系统大部分电气设备处在腐蚀环境，电气伤害具有突发性大、危险性大的特点，容易造成恶性事故。电气事故危害除自身故障引起的触电、漏电、短路等事故危及人体安全外，在某些情况下还会引发其他重大危险事故（如火灾、爆炸等）。

（7）机械伤害。氧化铝生产系统中存在大量处于运行状态的机械设备，各类电机、水泵、风机、带式输送机、轨道式机械等转动机械，其外露传动部分（如齿轮、轴、履带等）和往复运动部分都有可能对人体造成机械伤害。机械伤害常常发生在生产、巡检、维修、事故处理工作中。

（8）高处坠落。凡在高度基准面 2 m 以上（含 2 m）的高处进行定点操作或巡检作业时，均有高处坠落危险。氧化铝生产系统存在高处坠落的主要部位为安全通道、钢平台、钢直梯、钢斜梯、横跨过桥、防护栏杆及各类槽、塔等。若坠落到槽、塔内部等还将发生淹溺、化学灼伤等事故。

（9）静电危害。氧化铝生产系统中存在输油管道、油泵、储油罐、煤气管道等设备装置。油类、煤气等物质在管道中流动或进入储罐易产生和积聚静电。静电具有高电压静电感应及尖端放电的特点，放电产生的静电火花若出现在火灾爆炸危险环境易导致火灾和爆炸。

（10）起重伤害。氧化铝生产系统部分车间设桥式起重机、电动葫芦等起重设备。

（11）车辆伤害。厂内机动车辆在作业区域穿行，超速行驶、违章行车、车辆超载、行人违章等均有可能造成人身伤害事故。

（12）粉尘危害。氧化铝系统粉尘主要产生于原料运输、破碎及储存等工艺过程中。热电厂的粉尘主要产生在燃料运输系统、制粉系统、锅炉底部和除尘器下的除灰、渣系统以及储灰场。

（13）辐射危害。生产中，为了保证设备装置的安全运行，根据工艺布置的特殊要求，在母液蒸发底流槽顶部、赤泥分离沉降槽、硅渣分离沉降槽、原料磨用缓冲泵、赤泥洗涤沉降槽、母液蒸发等处装有放射性同位素密度计，氧化铝焙烧炉等处安装有核子秤，因此氧化铝生产系统中存在多处放射源。

（14）高温危害。氧化铝系统中存在大量高、中温设备和车间，在压煮器、石灰炉、烧成窑、脱硅机、蒸发器、锅炉、蒸汽管道、汽轮机、各类热交换设备和具有热源的热力设备及管道附近，温度更高，均可能对人体产生高温危害。

（15）噪声危害。氧化铝系统中，噪声主要来源于各设备在运转中的振动、摩擦、碰撞而产生的机械噪声和风管、气管中介质的扩容、节流、排气及液体流动而产生的流体动力性噪声以及电机等电气设备所产生的电磁辐射噪声。

（16）振动危害。氧化铝系统设备基础产生机械性振动，电机和高压配电装置产生电磁性振动，输送气体和液体的管道产生流体动力性振动，上述振动均会对人体产生振动危害。

（17）自然灾害。自然灾害主要包括地震和雷击。

◎**事故案例**

某日，某氧化铝厂由于停电造成工厂溶出工段七个槽中的压力过高，发生了大爆炸，造成29人受伤（1人的眼睛受到严重的化学灼伤和烫伤，双目失明），重伤者脸部、双臂、腿及躯体的烧伤面积达80%以上，因现场急救设施匮乏，更加重了人员伤害与财产损失。这次事故对世界氧化铝行业产生了重大的影响。

174. 氧化铝厂尘毒的控制措施有哪些？

（1）防尘措施。

1）防尘原则以控制尘源为主，辅以个体防护，加强管理，增强职工的防尘意识，提高防尘效果。

2）采用气力输送物料时，受料仓应设仓顶袋式收尘器或相应的收尘设备。

3）石灰仓顶部和饲料机等扬尘点应设置除尘设施。

4）溶出磨应设置通风除尘设施。

5）氧化铝包装应设密闭净化装置。

6）加强局部机械通风，在产生粉尘的主要工作场所的呼吸带位置设置负压机械通风装置或尘源局部通风换气装置。

7）加强个体防护。

（2）防毒措施。

1）定期检修设备，改进生产工艺，防止一氧化碳外溢。

2）在较危险区域安装一氧化碳自动报警仪或红外线一氧化碳自动记录仪。

3）煤气排送机和鼓风机应设联锁装置，当空气鼓风机启动，低压煤气管内压力达到规定值时，允许煤气排送机启动；当风机停车或低压煤气管道压力降至下限时，排送机自动停车。

4）煤气站供电方式采用双电源，煤气站所用电气设备、开关、照明均采用防爆型。

5）煤气站内应设有害气体超标报警装置，防止有害气体泄漏。

6）防护站内配备足够的安全救护用具和测试仪器，如氧气呼吸器、苏生器、防毒面具、氧气瓶等。

7）石灰炉检修人员应配备一氧化碳浓度报警仪，并制定检修规程，严格执行。

8）进入有中毒危险的区域必须佩戴呼吸防护用品。

175. 氧化铝厂职业危害的控制措施有哪些？

（1）防辐射措施。

1）应办理辐射安全许可证。

2）设置放射源台账。

3）射线装置安装现场应设警示标志。

（2）防高温危害。

1）热源集中的岗位采取自然通风，通过合理设置窗户位置和面积，排出室内余热。

2）工作地点应尽量与热源拉开距离，如无法拉开距离时，应采用保温隔热屏蔽层或隔热室等隔热装置，有效降低工作地点的温度。

3）加强车间自然通风。设置局部送风装置，室内换气每小时不少于5次，也可视实际情况，适当增加换气次数和时间。

4）盛装、输送蒸汽、料浆等高温物料的容器设备和管道，必须有完整的保温层，不能设保温层的应设置遮蔽物。

5）蒸汽管道设备、设施从行车道路或经常有人通过处的上方通过时，其高度应在5 m以上，在困难地段可采用4.5 m，以利于行车安全和行人避开较高的辐射热。

6）按《工作场所有害因素职业接触限值 第2部分：物理因素》（GBZ 2.2—2007）的规定要求，工人持续接触高温的时间应限制在规定范围内，并提供降温饮料或饮水及个体防护措施。工人上班期间应穿戴安全帽、防高温工作鞋和防热辐射眼镜、隔热服等。

7）体质差且年龄在男50岁、女45岁以上者，不宜安排在高温岗位上作业。

（3）防噪声、振动措施。

1）噪声源控制：选择符合噪声控制要求的设备。

2）隔声降噪：对集控室、值班室、观察室、操作室、休息室，采用双层门窗和隔声性能良好的围护结构，各洞、缝填塞密实，并设置隔声门斗。

3）消声器、隔声罩降噪：风机进出口、管道排气口装设高效消声器，泵等设置隔声罩。

4）阻尼降噪：对产生较高电磁辐射噪声的设备采用阻尼降噪。

5）控制管道内流体运动：在满足工艺的前提下控制管道内介质流速，减少管道弯头，管道截面不宜突然改变，选用低噪声阀门。

6）减振措施：应分情况在设备上设置动平衡装置，安装减振支架、减振手柄、减振垫层、阻尼层，减轻手持振动工具的质量。

176. 氧化铝厂机械设备、电气伤害的控制措施有哪些?

（1）控制机械设备伤害措施。

1）泵、风机、电机、压缩机等各种转动机械均应装有防护罩或其他防护设施，设置紧急联锁装置。

2）车间设备设施的安全距离应按《机械安全 防止人体部位挤压的最小距离》（GB/T 12265—2021）的要求，留有相应宽度和高度的安全过道，防止夹伤、挤伤、碰伤和撞伤。

3）在转动机械岗位的操作人员禁止戴手套和穿戴易被机械绞入的衣物等物品，留长发的女职工必须戴好工作帽。

4）螺旋运输机上盖，应保持完整并固定牢靠，同时不得踏越。

5）球磨机（包括格子磨、管磨、煤磨等）运行时，严禁靠近运转部位。

6）锤式破碎机在运行中，禁止打开小门或盖板观察。开车前，盖板、飞轮螺丝应上紧，飞轮上无杂物。

（2）控制电气事故措施。

1）电气系统设计应符合《有色金属冶炼厂电力设计规范》（GB 50673—2011）、《高压配电装置设计技术规范》（DL/T 5352—2018）、《交流电气装置的接地设计规范》（GB/T 50065—2011）、《电气设备安全设计导则》（GB/T 25295—2010）及其他有关标准、规范规定的要求。

2）氧化铝系统配电线路一般采用带有塑料外护层的电缆，电缆敷设方式宜采用架空电缆桥架、电缆隧道、电缆沟等，厂区架空线路应采取防腐蚀措施。

3）车间变电所不应靠近易冒槽的储槽，不应在各种溶液槽的楼板下设置。设置在潮湿腐蚀场所的配电室和控制室的地坪应高出车间地坪200 mm。

4）氧化铝厂潮湿腐蚀场所的电动机应尽量采用防腐蚀措施；保护、启动设备宜集中安装在与上述场所隔离的配电室内，车间安装的配电箱、控制箱应尽量采用防腐蚀型，组合开关用密闭型。

5）电气设备应设保护接地或接零。

6）生产线应配备双电源系统，并设置突然停电紧急保护装置；用电设备都应具有漏电保护装置；供电设备和线路停电和送电时，应严格执行操作制度。

7）设置防止误操作、误入带电间隔等造成触电事故的安全联锁保护装置。

8）为防止电气设备、线路因过载、短路等故障，除常规设置过载、过电流、短路等电气保护装置外，宜装设漏电流超过预定值时，能发出声光报警信号或自动切断电流的漏电保护器。

◎事故案例

某日，某铝业公司用于氧化铝生产的液固分离1号高效沉降槽突然垮塌，在附近作业的3人死亡，5人受伤，2人下落不明。

事故经过：当日17时25分，该公司第二氧化铝厂1号沉降槽坍塌，连接相邻3个沉降槽的桥梁也倒下大部分。倒塌的沉降槽高31 m、直径18 m，与该沉降槽相连的，还有两座等高的沉降槽，3个沉降槽之间有横桥相连，连接桥上是操作间。事发时，两人正在操作间内工作，多名人员正在对沉降槽维护。

177. 氧化铝厂腐蚀、灼烫伤害的控制措施有哪些?

（1）防腐措施。

1）氧化铝系统必须依照《工业建筑防腐蚀设计标准》（GB/T 50046—2018）、《建筑防腐蚀工程施工规范》（GB/T 50212—2014）的规定进行设计、施工、运行和管理。厂房、库房建筑应按防腐蚀要求进行设计。钢柱、钢梁及相关设备外壳和建（构）筑物，均应涂刷防腐蚀涂料及进行防腐蚀处理。管道及相关设备和建（构）筑物的材质应符合工程防腐蚀要求。

2）碱蒸气腐蚀严重的叶滤机室、赤泥沉降过滤器室和赤泥洗涤、氧化铝真空过滤机室等处的电动单梁起重机，宜采用圆形铜电车线作滑触线或移动式软电缆。

3）潮湿腐蚀场所的接地干线、接地极、接闪器及其引下线宜较正常环境加大一级规格选用并作防腐处理。

4）为保证网络安全及终端反馈信息准确，自动控制系统的终端传感元件必须作防腐蚀处理。

5）加强巡检，发现滴、漏、跑、冒，应及时修复或更换部件。

（2）防灼烫伤害措施。

1）各种槽、罐（如沉降槽、缓冲槽等）的漏槽信号装置，应灵敏可靠。

2）凡进入槽、罐、窑、炉等设备容器内检查、维修时，必须先关闭物料进出口，切断电源。待物料排空后，内部温度降至 40 ℃以下，并确认已无有毒有害气体时，方可入内工作，且有专人监护。工作完毕，确认容器内无人后，方可启用。

3）清理已堵管道或与被堵塞管道相通的容器、设备时，必须采取防止管道内流体突然喷出的安全措施。进行拆卸法兰时，应先切断物料源，排除管内积水或物料后，再拆法兰下部螺钉。

4）蒸汽、料浆等高温物料的容器、管道和设备，必须有完整的保温层。不能保温的应设置遮蔽物。管道在使用前，必须排除冷凝水。

5）严禁徒手触摸碱液、料浆、赤泥等有腐蚀性的液体及高温物料。不准在漏液的管道和容器下通过或停留。

6）酸洗预热器等设备时，应有防酸措施，并加强通风，控制火源。

7）使用胶管接通物料时，连接必须牢固可靠。更换阀门或泵盘根时，必须在压力清除后进行。禁止用蒸汽或物料压力冲出旧盘根或阀杆。

8）管道布置时，化工管道与蒸汽管道要保持足够的距离，并以不同的颜色区别不同性质的管道。化工管道与蒸汽管道桥架不允许同时作为线缆桥架。

9）在所有可能发生灼烫伤害的工作场所，必须设置清水冲洗水龙头及硼酸水，两个之间的距离不超过 12 m。

10）各类碱液泵出口第一个法兰等易发生喷溅部位应设挡板。

11）在各种生产作业中必须正确穿戴和使用劳动防护用品。

12）制定严格的岗位安全操作规程，杜绝和减少违章操作。

178. 电解铝生产过程及主要设备的危险、有害因素有哪些？

（1）物体打击。在检修过程中，如果存在违章操作、违章指挥、注意力不集中、监护不到位、无防护设施或防护设施失灵、未佩戴劳动保护用品、工具存在缺陷等现象，都可能造成物体打击。

（2）车辆伤害。电解车间生产的铝液进入真空抬包后，需要用汽车运至铸造车间；铸造车间生产的铝锭等产品，需要运至货场。在车辆运输过程中，车辆超速、车辆故障、货物固定不当、违章载人、路况不好、视线不好都可能造成车辆伤害。

（3）机械伤害。在电解铝生产过程中风机、泵、空压机等转动设备非常多，在检修车间还有钻床、磨床等机械加工设备，在操作过程中如果存在违章操作、违章指挥、注意力不集中、监护不到位、无防护设施或防护设施失灵、维护保养不当、未佩戴劳动防护用品等现象，都可能造成机械伤害。

（4）起重伤害。在电解车间、铸造车间、检修车间有起重机械，主要进行更换阳极、吊运铝抬包、提升阳极母线、打壳加覆盖料、吊运铝锭、吊运设备等作业，如果起重设备故障、捆吊不好、违章作业、操作失误、配合不当、安全装置失效、无关人员进入操作区域等，均存在起重伤害的可能性。

（5）触电。电力供应对电解铝生产是至关重要的，生产的全过程存在着大量的电力设备触电伤害。

（6）灼烫。电解槽工作温度为950~970 ℃，混合炉的工作温度也高于760 ℃。在打电解质硬壳、加氧化铝与冰晶石和捅电解质硬壳上的火眼时，都会迸溅电解质溶液；当自熔阳极的阳极糊堵塞外壳的孔眼时，会迸溅热糊浆液；在更换阳极时，如果脚踩电解质硬壳上操作，会陷入赤热的电解液中；用真空抬包吸出铝液时，如果抬包吸管和内衬稍有冷潮，会爆炸喷铝；倒铝过程中，如果误碰炉眼塞杆，会导致铝液泄漏；铸锭放铝液扒渣时，如遇工具冷潮，也会迸溅铝液。发生以上情况时如果防护不到位都会发生灼烫事故。如果真空铝抬包破裂，高温铝液溢出则可能造成更严重的灼烫事故。

（7）火灾。电解铝生产过程中，主要的火灾危险来源于煤气。当出现设备故障时，可能发生煤气泄漏，一旦泄漏的煤气与空气混合达到燃烧极限、并遇到引火源将会发生火灾事故。

电解铝生产过程中还可能存在电缆、电机、变压器、配电装置与照明设备等电气设备火灾。

（8）高处坠落。在高处操作、巡检、进行设备检修等作业时，如果违章操作、违章指挥、注意力不集中、监护不到位、无防护设施或防护设施失灵、未佩戴劳动防护用品，都有可能发生高处坠落。

（9）容器爆炸。如果使用的压力容器未经有资质的机构设计、制造、安装、检验，将隐蔽各种安全隐患；如果不定期进行设备检修、不能坚持设备巡检和日常维修工作、不能保证设备的安全状况，将出现设备带“病”运行或“大病”状况下的危险运行；如果压力容器的安全附件，如压力表、温度计、安全阀未定期校验，可能在出现异常情况时无法正常发挥作用，从而导致设备超温、超压，以上情况都可能发生容器爆炸。

（10）其他爆炸。铸造车间的煤气发生泄漏后，如果与空气混合形成爆炸性气体，达到爆炸范围并遇到引火源将会发生爆炸。变配电系统的变压器、电容器、电池如果绝缘不良、维护不到位，都可能发生爆炸。

（11）中毒和窒息。在铝电解生产过程中，电解槽会散发出大量有害烟尘，其主要污染物是气态氟化氢及粉尘，如果电解槽密闭性不好或抽风系统故障，就会导致氟化氢和粉尘在电解厂房内的浓度升高，严重危害操作人员的身体健康，并对周围环境造成破坏。

在铸造过程中使用的煤气一旦发生泄漏，会导致操作人员中毒、窒息。铸造过程中需要间断使用氮气，氮气一旦发生泄漏，将会引起局部空间氮气含量升高、氧含量降低，容易导致操作人员窒息；如果短时间吸入高浓度氮气，将会导致操作人员瞬间昏厥，严重影响身体健康。

在高压变电所采用六氟化硫作为消弧剂，如果高压开关被击穿，泄漏的六氟化硫会造成操作人员中毒、窒息。

（12）其他伤害。主要包括粉尘、高温、噪声、雷击。

179. 电解铝生产对于原材料的储存和运输有哪些防尘防毒的要求?

（1）原材料在储存与运输过程中必须有可靠的防水、防雨雪、防散漏措施。

（2）粉状物料输送宜密闭，宜采用管道化、机械化、自动化操作。

（3）采用气力输送氧化铝时，受料仓应设仓顶袋式收尘器或相应的收尘设备。采用斗式运输机和皮带运输机输送氧化铝时，应减少转运点和降低物料落差。物料落差大于 1 m 时，应采用倾斜溜槽。

（4）氧化铝储槽应设料位指示装置和上、下极限报警器。

（5）氟化盐应储存在防雨仓库内。

180. 电解工艺有哪些防尘防毒的工程技术措施?

（1）原材料的选择与要求。

1）氧化铝宜选用砂状氧化铝。受潮后的氧化铝必须经干燥后才能加入电解槽使用。

2）阳极糊宜采用高温沥青作黏结剂，沥青含量不应高于 26%（质量分数）。

3）氟化盐应严格控制含水量。冰晶石的含水量不应高于1.3%（质量分数），氟化铝的含水量不应高于7.5%（质量分数），氟化钠的含水量不应高于1%（质量分数）。

（2）生产工艺与设备。

1）铝电解生产宜采用先进生产工艺减少尘毒的产生量。

2）铝电解工程建设项目应选用中心加工全密闭预焙槽。

3）预焙槽的阳极块更换、出铝等作业和上插自焙槽的阳极棒转接、拔棒、出铝等作业宜采用多功能吊车操作；旁插自焙槽的阳极棒转接、拔棒、钉棒和电解槽加工宜采用机械化操作。

4）旁插自焙槽阳极顶部应加防尘盖。

（3）生产操作。

1）非自动打壳下料的电解槽应尽量减少加工次数，缩短加工时间。

2）电解槽加工时除加工面外，其余各面的密闭门不应打开，停止作业时应关闭密闭门。

3）预焙槽启罩作业时必须将支烟管阀门调到设定点的最大值。作业完毕后立即关严槽罩板，并将支烟管阀门恢复到原设定位置。

4）清除电解槽和设备上的积尘应采用吸尘机具，不允许采用压缩空气喷吹。

5）电解质和铝液总高度应小于炉膛深度。

181. 电解铝生产过程中的事故类型和危害有哪些？

（1）漏槽事故。在铝电解生产过程中，漏槽事故是需要重点预防的生产事故。一旦发生漏槽事故，漏出的高温电解质和铝水可能冲坏阴极母线，烧毁槽下部设备，甚至导致一系列停电，造成重大经济损失。泄漏的高温铝水在弧光的作用下，可能发生铝热反应，铝金属会猛烈燃烧，造成严重的后果。

（2）电解槽电解质爆炸事故。电解槽内电解质温度在900 ℃以上，如果加入电解质的原料和工具有水分，水分会立即变成水蒸气，体积可扩大到原始状态的1 600多倍，极易发生猛烈的水蒸气爆炸，伴随着大量的电解质喷溅，可能造成烫伤、物体打击等事故。

（3）焙烧启动中阳极脱落。电解槽在焙烧启动期间，可能会由于电流偏流、阳极质量问题等原因而发生部分阳极脱落事故。个别阳极脱落会影响电解槽的焙烧启动，但还不至于影响整个焙烧过程。大面积的阳极脱落会严重影响电解槽的焙烧启动过程。

（4）熔融铝水溅烫事故。从真空抬包往敞口包倒铝水、真空抬包往混合炉倒铝水时，一旦铝水溅出或抬包翻倒，高温的铝水可能导致烫伤事故。

（5）换极作业发生烫伤和碰挤伤。换极作业中人身体比较接近吊运的极块，换出的极是热极，除容易发生烫伤，还会发生碰挤伤。

（6）换极捞块时发生烫脚事故。换极捞块作业时壳面是打开的，因此要防止脚等身体部位滑入电解质发生烫伤事故。

（7）真空抬包传动机构绞手事故。真空抬包传动机构通常用蜗轮蜗杆减速机构。由于蜗轮蜗杆转速较慢，容易忽视防护措施，不设计防护罩，极易导致绞手事故。

◎事故案例

某年8月19日20时10分左右，某集团下属的铝母线铸造分厂发生铝液外溢爆炸重大事故，造成16人死亡、59人受伤（其中13人重伤），直接经济损失665万元。

事故经过：8月19日16时，某集团所属铝母线铸造分厂生产乙班接班组织生产，当班在岗人员 27 人，首先由 1 号 40 t 混合炉向 1 号铝母线铸造机供铝液生产铝母线，因铝母线铸造机的结晶器漏铝，岗位工人堵住混合炉炉眼后停止铸造工作。19 时左右，混合炉开始向 2 号普通铝锭铸造机供铝液生产普通铝锭，至 19 时 45 分，混合炉的炉眼铝液流量异常增大，出现跑铝，铝液溢出流槽流到地面，部分铝液进入 1 号普通铝锭铸造机分配器的循环冷却水回水坑内，熔融铝液与水发生反应形成大量水蒸气，体积急剧膨胀，在一个相对密闭的空间中，能量大量聚集无法释放，20 时 10 分左右发生剧烈爆炸。事故造成厂房东区 8 跨顶盖板全部塌落，中间 5 跨的钢屋架完全严重扭曲变形且倒塌，南北两侧墙体全部倒塌，东侧办公室门窗全部损毁。1 号普通铝锭铸造机头部由西向东向上翻折。原铸造机头部下方地面形成 9 m×7 m×1.9 m 的爆炸冲击坑。1 号混合炉与 2 号混合炉之间的溜槽严重移位。两台天车部分损坏。临近厂房局部受损。

182. 电解铝生产过程中电解槽漏槽事故预防对策有哪些?

为防止漏槽，必须做好电解槽寿命周期每一个环节的工作，要采用质量好的内衬材料，保证筑炉质量，严格按工艺技术要求焙烧启动，避免槽温过高，减少炉底隆起变形，降低阳极效应系数，稳定系列电流，减少底部和侧部内衬的腐蚀，来效应时应迅速熄灭，出铝换极等作业要注意不要碰撞炉壁和炉底。

为防止侧部漏槽，要加强巡视观察，发现侧部钢壳温度偏高或者发红，应接上强力风管吹扫钢壳降温，同时积极采取措施扎固内衬，防止侧部钢壳被烧穿。

一旦发现底部漏槽，先应系列停电，在未停电之前，安排抬包吸铝，指定人员下降阳极，电压不应超过 5 V，在阴极母线上盖上保护钢板，集中力量保护槽周边母线及下部电缆不被烧坏。当确认为侧部漏槽时，要集中力量用电解质块、袋装氟化钙或氧化铝等原材料配合多功能机组封堵漏洞，只有在迫不得已的情况下方可系列停电。

不论是底部漏槽还是侧部漏槽，在堵漏的时候一定要保证人员的安全，要防止高温电解质和铝水引起其他的次生事故。

◎事故案例

某日，某分公司发生了电解槽漏铝事故，此次事故造成了厂房912号电解槽烧毁，部分槽周母线、混凝土基础烧毁；911号、913号电解槽局部受损；912号槽下母线烧断，320系列断电；911号、912号、913号部分立柱母线烧毁；天车组合滑线部分烧毁；厂房912号槽顶部一型钢拉筋脱落；厂房912号槽顶部部分天窗玻璃破损。

经专家分析，此事故是由于漏炉导致的金属铝燃烧的火灾事故。其原因有以下三种可能。

（1）第一种可能：由于912号电解槽第二次大量漏铝，高温的铝液冲刷到槽底母线，形成母线短路产生弧光起火。

（2）第二种可能：由于高温铝液漏出时和槽壳接触、摩擦，冲蚀摩擦处，发生火花，引燃钢材中的碳，点燃铝蒸气或金属铁（和氧气燃烧管的燃烧原理相似），继而引发两种金属燃烧的连锁反应，即发生铝热反应，铝在这里起的是强还原剂的作用。

（3）第三种可能：由于大量的铝液漏出后，所带的高温热量聚集于槽下窄小的空间、散发不开，造成槽下局部空气温度急剧上升，其挥发的高温铝蒸气与局部高温空气形成爆炸混合物并迅速引燃，瞬间起火爆燃，引发铝热反应。

从当时的条件分析，第三种事故原因的可能性比较大。

183. 电解铝生产过程中电解槽电解质爆炸事故预防对策有哪些?

（1）各项接触电解质和铝水的工器具、物料等都要保证充分地预热，不应向电解槽内直接加入湿冷物料。特别是在梅雨季节等潮湿的气候条件下，更要注意工器具、物料的充分预热。

（2）要坚决杜绝违章行为，不得将带水的东西直接加入电解槽。

（3）厂房休息室要设置收集生活垃圾的垃圾桶，防止职工将吃剩的食物残渣、牛奶袋、饮料瓶等垃圾投入电解槽。

（4）厂房应做好防雨措施。发现厂房顶部漏雨的，要及时维修，防止雨水流到电解槽上。如果雨水流进电解槽，不但可能引发电解质爆炸事故，而且会降低电解槽的绝缘性能，甚至可能引发短路、放炮等电气事故。

（5）制定事故应急处理程序。管理人员和作业人员都要熟悉紧急情况下的处理步骤和方法，一旦发生事故，能够迅速处理，保护自己，减少损失。

◎事故案例

某日晚上 10 时 15 分左右，某铝业有限公司熔铸车间发生一起爆炸事故，造成厂房倒塌，致使 1 人当场死亡，4 人受伤。经调查分析得知，爆炸原因系熔铸车间的铝液遇水引起爆炸。

184. 电解铝生产过程中倒铝液时发生烫伤预防对策有哪些?

（1）防止人员进入铝液溅落的区域。人员远离作业区就可以有效地预防此类事故发生。可以在倒铝液口附近用固定式围栏围出一定范围，倒铝液人员必须站在高处作业平台上方可作业，以防铝液溅出烫伤作业人员和周围地面人员。

（2）增大混合炉的进铝口。适当增大混合炉进铝口，可以有效防止铝液倒到地上，既减少了浪费，又增加了安全性。

（3）定期检查维修控制器，保证其接触良好，控制可靠。

（4）加强技术培训，减少误操作。对天车司机和倒包人员进行作业培训。

（5）作业人员要穿戴好面罩等劳动防护用品。

（6）倒铝液时一定要转正抬包出铝嘴口的方向，使其正对混合炉进铝口。

（7）从抬包车上起吊抬包时要确保吊钩挂好后缓慢、平稳进行。

（8）要保证钢丝绳垂直起吊，严禁在运动的抬包车上起吊抬包。

（9）起吊抬包要做到“三准”（听准、看准、吊准）和“五稳”（开稳、吊稳、支稳、停稳、放稳）。

（10）制定事故应急处理程序，管理人员和作业人员都要熟悉紧急情况下的处理步骤和方法，一旦发生烫伤事故，应迅速使人员脱离热源，脱除高温防护用品，清理伤口表面高温物质和灰尘，涂抹防烫伤药品。

185. 碳素生产过程中伤害类型有哪些?

（1）火灾、爆炸危险。碳素生产以石油焦、沥青、蒽油等为原料，使用煤气、天然气做燃料，具有明显的火灾爆炸危险性。在原料接卸、储存、运输及整个生产过程中，粉尘的产生数量很大，容易产生粉尘爆炸。煤气、天然气一旦泄漏便会在空气中弥漫，形成爆炸性气体混合物，遇点火源就会诱发火灾爆炸事故。煅烧、焙烧过程中温度很高，容易诱发火灾事故。因此，火灾、爆炸是碳素生产中的主要危险。

（2）毒物危害。石油焦和城市煤气属于低毒类，沥青属于中等毒性物质，正常生产过程中只要加强个体防护不会产生职业性危害。碳素生产的原料石油焦、煤焦油沥青中都含有硫，煤焦油沥青、煤焦油、蒽油中都可能含有一定数量的硫化氢。硫化氢是高度危害的Ⅱ级毒物，其危害很大，很容易造成人员中毒伤亡的事故。煤焦油沥青属于致癌物，煤焦油、蒽油等也含有大量的多环芳烃，有致癌倾向，都需要加强防护。生产污水中会富集大量致癌物质，不监视污水浓度，直接回用到生极制造等工序也可能对人体造成伤害。

（3）粉尘、烟尘危害。粉尘危害是碳素生产中最主要的危害之一。从原料进厂、转运，到石油焦煅烧和余热炉粉尘捕集；从配料到生极制造；从焙烧、浸渍到构件清理；从机械加工到组装、残极处理等，都存在粉尘危害。碳素生产中的粉尘主要有石油焦粉尘、沥青粉尘、煅后焦粉尘、构件清理和残极处理粉尘。烟尘主要是熔融的沥青烟尘，煅烧石油焦烟尘，生极处理的含水蒸气的烟雾，浸渍工序的含沥青、蒽油的烟雾等。这些粉尘、烟尘和烟雾对人体都有不同程度的伤害，必须加强防护，以防止职业性危害发生。高温粉尘、烟尘和烟雾的烫伤也应该列入防护的内容。

（4）机械伤害。碳素生产的设备很多，主要为转动和机械设备，占总设备数量的70%以上，其中输送、运输设备约占工程设备的50%以上。因此，防止机械伤害是主要任务之一。

（5）噪声危害。碳素生产中的噪声源主要是回转窑、加热炉、电机、运输设施、计量设施、喷砂清理、起重吊装，高压气体排放也可造成噪声危害。长期工作在超规范要求的噪声环境中，可对人体神经系统造成一定程度的损害，应当加强个体防护。

（6）车辆伤害。碳素生产中的原料和产品需要采取车辆运输，工厂内部的运输采用叉车、铲车等方式运输，工作密度大，运输的速度也较快，车辆伤害也是碳素生产中的主要危险之一。

◎事故案例

（1）某日，某碳素厂压型二分厂二车间发生重大火灾，经厂专职消防队近1小时的苦战，才将大火扑灭。火灾使该厂9 808 m电缆、140 m工艺管道、11台机器设备、6台电控拒、4 t导热油全部烧毁，直接经济损失38.4万元。

（2）某日，某公司碳素厂发生焦油釜爆炸事故，造成2人死亡（其中1人当场炸死，另外1人送医院后死亡），15人受伤。

186. 碳素生产过程中回转窑点火爆炸事故的预防对策有哪些？

回转窑保持温度一般是燃烧天然气，天然气的混合浓度如果在爆炸极限内，点火时可能发生爆炸事故。

回转窑点火爆炸事故的预防对策如下：

（1）确保负压供风系统打开，在回转窑内形成良好的风流，迅速抽走泄漏的天然气，防止天然气聚集。

（2）开始送气时，操作人员应用检测仪分析天然气浓度，合格后（天然气体积分数大于95%）方可点火，或打开窑头燃气放散5~10 min，在放散管点火燃烧后，方可进行点火。

（3）检查天然气燃烧嘴阀门是否关好，如果天然气燃烧嘴阀门关不死，必然会有天然气泄漏，形成燃气和空气混合气体，此时点火极易发生爆燃事故。

（4）防止天然气燃烧嘴脱火。天然气供气压力过大或过小都可能发生脱火现象，一旦燃烧嘴脱火，天然气大量泄漏，形成燃气和空气混合气体，此时点火极易发生爆燃事故。

（5）避免第一次点火没点着而紧接着第二次点火。第一次没点着，应关闭供气阀门，等天然气被抽干净后，才能进行第二次点火。

（6）防止各种明火和静电火花。回转窑天然气装置工作平台属于严禁烟火的区域，要严格执行规章制度，不得着装化纤衣物和使用手机，更不能吸烟，使用打火机、火柴等其他火种。

（7）制定事故应急处理程序，管理人员和作业人员都要熟悉紧急情况下的处理步骤和方法，一旦发生事故，能够迅速处理，保护自己，减少损失。

187. 碳素煅烧工艺有哪些安全卫生要求?

（1）煅烧炉（窑）应配置安全水源或设置高位水箱，应设局部排风系统。

（2）罐式煅烧炉应尽量采取密闭加料和排料，并保证良好通风。加料和排料应在控制室操作。

（3）罐式煅烧炉炉体最外侧距离厂房最内侧宽度，不应小于 3 m；工作平台应采用防滑、非易燃材料铺设，且不应与炉体和厂房墙壁固定连接。

（4）罐式炉应保持负压操作，当出现正压时，应立即停止加料，严禁打开看火口。

（5）处理罐式炉结焦、棚料时，必须戴防护眼镜、穿防护服，不允许打开看火口，不允许正对火口，不允许捅料时加料。

（6）回转窑的排烟机应设温度报警装置。窑头及窑尾应分设事故储水箱。窑体应采取防止热辐射的措施。

（7）处理回转窑加料口堵塞时，必须站在侧面，严禁正对火口。

（8）回转窑下料口堵塞时应停煤气，保持窑头有一定负压并及时排除堵塞。

（9）进入窑内工作应遵守下列规定：

1）必须切断电源。

2）配电盘上挂检修牌。

3）窑外设专人监护。

4）待窑内温度降到 60 ℃以下。

188. 碳素焙烧工艺有哪些安全要求?

（1）焙烧后的产品应采用机械清理。

（2）焙烧炉体最外侧与墙最内侧之间的距离不应小于 1 m。不允许在环式焙烧炉上及两旁的管道上堆放产品。

（3）焙烧炉在操作时应遵守下列规定：

1）在焙烧过程中更换排烟机或移动转接烟斗时，应暂停煤气加热或减少煤气用量。

2）移动烧火架时，应对煤气进行吹洗放散。

3）烟道内的焦油每年应进行一次处理。

4）不允许在焙烧炉上清理产品。

（4）焙烧炉因故临时停电时，应事先与车间取得联系，停排烟机、电除尘器，并打开旁路烟道。

（5）进入炉室工作时，炉口必须有专人监护。不允许在有人工作的炉室上方进行起重吊装作业。

（6）作业人员进出焙烧炉应用梯子出入，不允许随吊钩上下。

（7）使用氢气或分解氨作为保护气体的连续电炉，在通电前应先通保护气体，维护一段时间，点燃排出管口火苗后，再通电。

189. 碳素生产过程有哪些防尘防毒的要求?

（1）凡产生有毒气体、气溶胶和粉尘的工艺设备均应密闭，并设排气装置，保持负压。不能密闭的尘毒逸散口应设吸风罩。

（2）生产过程中可能突然产生大量有毒气体、粉尘或有爆炸危险气体的车间，应设危险气体或粉尘监测装置，必要时设自动报警装置，并应设有事故排风装置及应急救援装置，职业危害较严重的岗位设置警示标识和警示说明。

（3）对毒性较大、有烟尘、粉尘积落的车间，其内部结构表面应光滑，不易积尘，便于清扫。应采用不吸收毒物的材料，必要时加设保护层，以便清洗。清扫应配备吸尘装置，避免二次扬尘。

（4）搬运有毒物品时，不应进食、饮水和吸烟，并穿戴符合要求的劳动防护用品。

（5）不允许将有毒物品与无机氧化剂、强酸等混放。

（6）使用有机酸、树脂等危害较大的物质和产生氰化氢等有害气体的作业场所，应采取下列措施：

1）密闭生产设备。

2）设置通风、净化回收装置。

3）远距离操作或遥控。

（7）对可能产生急性职业中毒的作业场所，应健全职业病危害事故应急预案，并组织演练，定期修订。

（8）在产生有毒、有害气体等危险场所，应佩戴好防护用品，作业人员应两人以上。

二、铜冶炼安全知识

190. 铜冶炼生产工艺的特点是什么？

铜冶炼工艺分为火法和湿法工艺，我国主要是火法冶炼。火法炼铜生产过程一般工序为备料、熔炼、吹炼、火法精炼成最终产品——阳极铜。阳极铜浇铸成阳极板。采用湿法电解工艺可得到99.99%（质量分数）的阴极铜。

在熔炼工序中，将含铜物料配入适当数量的熔剂、返料、燃料，送入氧气或空气，将物料熔化，氧气与精矿内元素发生反应，产生含二氧化硫烟气、铜锍（冰铜）及炉渣。熔炼工序是铜冶炼过程的重要环节，也是最易造成环境污染的环节之一，熔炼技术水平直接影响冶炼企业生产技术水平。

造锍熔炼的传统方法如鼓风炉熔炼、反射炉熔炼和电炉熔炼，由于效率低、能耗高、环境污染严重而逐渐被新的强化熔炼所代替。新型强化熔炼工艺有闪速熔炼和熔池熔炼两大类，这些强化熔炼工艺技术趋向连续化、自动化，金属和硫的回收率提高，环境状况获得很大改善。

在铜锍吹炼技术方面，我国目前主要还是采用转炉吹炼工艺，有的企业已经采用闪速吹炼、顶吹浸没吹炼等连续吹炼新技术，各生产企业的吹炼设备及生产技术存在一定差距。一些大型企业由于近年来进行技术改造，生产规模不断扩大，因此要求转炉设备大型化。在转炉操作方面，高品位铜锍（质量分数为63%）的吹炼以及富氧（体积分数为 25%）吹炼已得到成功应用，大大强化了吹炼过程。

191. 铜冶炼主要安全技术措施有哪些？

铜冶炼安全生产的主要特点有以下 3 方面：

（1）工艺流程较长，设备多。

（2）过程腐蚀性强，设备使用寿命短。

（3）“三废”排放数量大，污染治理任务重。

铜冶炼是一个以氧化还原为主的化学反应过程，设备直接或间接受到高温或酸碱侵蚀影响。为延长设备寿命，应采取如下措施：

（1）选用优质、耐高温、耐腐蚀的设备。

（2）贯彻大、中、小修和日常巡回检查制度。

（3）采取防腐措施。

（4）提高操作工人素质，做好设备的维护保养等工作。

铜冶炼的原料主要是硫化铜精矿，硫在生产过程中形成二氧化硫进入烟气，回收烟气中的二氧化硫制取硫酸是污染治理的重要方法之一。对废渣的综合利用有多种渠道，可用于生产铸石、水泥、渣硅等建筑材料，也可用作矿坑填充料。废水除含有重金属离子外，还含有砷、氟等有害杂质，常用中和沉淀法或硫化沉淀法将其中的重金属离子转化为难溶的重金属化合物。废水经过净化后，回收重复利用，同时将沉淀物或浓缩液返回生产系统或单独处理，回收其中的有价金属。对含尘烟气，要完善收尘设施，严格管理，提高收尘效率。对泄漏的含铜溶液和含铜废水，集中回收处理。

192. 铜冶炼生产过程中的主要职业危害因素有哪些？

（1）备料粉尘。备料工序在原、辅材料和燃料的储存、输送和配料过程，会在储矿仓、配料仓下料口、带式输送机转运处受料点产生粉尘。一般在这些产尘点设置集风罩将粉尘收集起来。

（2）制酸烟气。熔炼炉产生的烟气主要污染物是烟尘和二氧化硫。熔炼炉出来的高温烟气，一般采用余热锅炉等降温预除尘，烟气中的高温熔体及大颗粒粉尘可在余热锅炉中除去一部分，降温后的烟气直接进入电除尘器进行除尘，以达到制酸净化工段的要求。烟气温度 1 230 ℃，二氧化硫浓度 12%～15%（体积分数），含尘量 30～35 g/m^3（质量浓度），经余热锅炉回收余热及冷却后进入电收尘器收尘，收尘后符合制酸要求进制酸系统。

吹炼烟气主要污染物是烟尘和二氧化硫。烟气中二氧化硫含量 6%（体积分数）左右，出口温度 800 ℃左右，烟气经沉降室、电收尘器收尘后送制酸系统。

自收尘工段来的烟气进入制酸系统，制酸工艺一般为双转双吸。烟气进入制酸系统净化工段后，依次经高效洗涤器、气体冷却塔、一级电除雾器、二级电除雾器，除去烟尘等杂质。净化后烟气经干燥及两次换热、转化、吸收，最后得到硫酸。硫酸尾气中主要污染物为二氧化硫和硫酸雾。二氧化硫排放质量浓度为 800 mg/m^3，硫酸雾排放质量浓度为 40 mg/m^3。

（3）贫化烟气。贫化烟气来自阳极炉贫化，贫化烟气的主要成分是烟尘和二氧化硫。阳极炉烟气经过旋风收尘管道或者布袋收尘后如果达标可直接排放，否则通过碱液吸收废气中的二氧化硫。

（4）环保烟气。熔炼车间熔炼炉、沉降电炉、连续吹炼炉的各炉门口、铜锍出口、出渣口等处设密闭吸风罩，以收集逸散的含尘烟气。各吸风点组成环保排烟系统，环保烟气主要成分为烟尘和二氧化硫。收集的烟气直接排放。

◎**事故案例**

某日，某铜冶炼厂发生了一起急性职业中毒事件。当日中午，一些工人出现了严重的头晕、胸闷、恶心、呕吐、腹痛、腹泻等中毒症状，先后有76人被送进医院治疗。经职业病专家现场调查，确认导致工人中毒的原因为砷化合物。

事故原因：该铜冶炼厂发生急性砷中毒，说明工人在短时间内吸入了大量的砷化合物。引起此次中毒的原因有以下几个方面：这批铜冶炼原料中的砷含量偏高；生产系统中各个工序负荷不平衡，导致鼓风炉在正压状态下工作，使有毒有害烟气外逸；当地连续阴雨天气使大气压较低，有毒气体下沉；车间现场职工没有佩戴口罩等个体防护用品。

193. 铜冶炼生产过程中治理粉尘的措施有哪些？

铜冶炼厂烟气收尘及生产性粉尘处理分干式和湿式两类。

目前，铜冶炼含尘废气90%以上都采用干式收尘。常用的设备有沉降室、旋风收尘器、滤袋收尘器和电收尘器等，这些设备可单独使用，也可以组合使用。除尘设备的选择，一般除根据烟气温度、含尘量和含湿量以及烟尘比电阻等因素外，还要考虑收尘装置的造价、材料消耗量、占地面积及维护管理的难易程度等因素。

湿法收尘适用于净化含湿量大的含尘烟气，精矿干燥烟气治理使用的最多。由于含湿量大的粉尘易造成设备管道腐蚀，收下的烟尘呈浆状并有废水产生，难于处理，故在重有色金属冶炼烟气治理中使用的较少。

原料储运、制备过程中产生的粉尘一般设置通风集气系统，并配备布袋除尘器，除尘效率大于99%，排放粉尘质量浓度20~100 mg/m^3，大多可以做到达标排放。

铜冶炼熔炼炉、吹炼炉等产生的高浓度二氧化硫冶炼烟气送制酸系统前，一般先利用余热锅炉，在回收热能的同时起沉降作用，去除粗颗粒物，然后设置电收尘器系统收尘，能满足制酸系统的要求。对贫化炉、精炼炉产生的含尘、低浓度二氧化硫的烟气，一般设置多管旋风或者布袋除尘器，低浓度二氧化硫采用碱液吸附法去除。

各类炉窑炉口、渣口等处散发的少量烟气一般设置环保烟罩和吸风点，及时收集到环保通风系统。如果烟气中烟尘和二氧化硫浓度均较低，能满足排放标准要求，可由环保烟囱排放，否则应采取治理措施。

194. 铜冶炼生产过程中主要发生的事故有哪些？

（1）熔融铜液和冰铜遇水容易发生爆炸，接触人体造成烫伤、烧伤。

（2）熔炼车间的起重设备吊运的都是高温熔体，起重设备本身稍有故障或吊运过程中操作稍有疏忽，易造成伤害事故。

（3）所有高温熔炼炉都有水冷装置。水冷系统发生故障或工作人员违章作业，极易发生爆炸事故。

（4）高温熔炼炉熔池部分，容易受侵蚀而发生泄漏现象，冰铜和熔融铜液漏出后遇水或潮湿地面易发生剧烈爆炸，造成厂房、设备受损和人身伤亡。

（5）转炉生产过程中，易发生喷溅甚至炉喷事故。最严重的恶性事故为炉喷，即炉内所产生的二氧化硫气体因体积急剧增大，夹带冰铜或熔融铜液自炉口喷出，炽热的熔体大面积喷发降落，往往带来十分严重的后果，如设备被毁、人员伤亡。

（6）在火法精炼的还原阶段，如用重油作还原剂，重油中有水，很容易引起爆炸以及还原性炉气在烟道内爆燃，这时体积瞬间膨胀，有很大压力作用到精炼炉，致使炉内火焰外喷，烧伤附近作业人员。严重时还有崩塌炉盖的危险。

在还原作业时，炉内为正压还原气体，容易外喷，如窜入烧油的供风管道，极易造成爆炸。有的工厂，以液化石油气作为还原剂，如流量控制不当或管道泄漏，液化石油气气化不好，也容易造成爆炸和火灾。

（7）因为阳极板中含有相当量的杂质，如铁、砷、锑、镍等，在电解过程中这些杂质进入电解液，使电解液成分偏离选定的范围，所以必须每天抽出一定数量的电解液进行净化处理，并用等量的新液进行补充。在净化过程中，进行脱铜除砷、锑时，有剧毒气体砷化氢产生，操作者吸入后，24 h 内会出现乏力、发冷、头痛、眩晕、呕吐等症状，两三天后出现黄疸、血尿，严重者呼吸困难、血压下降。

195. 铜冶炼生产过程中主要事故的预防施有哪些?

（1）熔炼车间吊运高温熔体的起重机的各种安全装置必须齐全有效，钢丝绳和吊钩必须每班检查，钢丝绳要定期窜绳和浸油。在吊运高温熔体时，副钩必须回收，不得钩于钢包尾部吊环上。到达倾倒位置时，副钩才可挂上，以免吊车司机误操作或出现机械故障引起钢包倾转，熔体流出，造成事故。

吊运重包时，必须先行紧钩，经检查确认吊钩与包梁，包梁与包耳位置正常后，才得起吊。氧气瓶、乙炔气瓶及易燃易爆物品不得在生产车间上空吊运。在电解车间能接触到硫酸铜电解液的吊绳和吊链等，遇硫酸铜溶液会发生腐蚀，应加强检查，到报废期及时更换。

（2）所有接触高温熔体的工具、铸模和盛装高温熔体的钢包等，必须保持干燥，并先预热，以免引起爆炸。

（3）为防止爆炸，所有炼炉的水冷装置或汽化水套等必须定期检修，清除锈垢，并进行水压试验。所有阀门，除专职人员外，其他人员不得操作。汽化装置要定期排污，用水要经软化处理。突然停水时，应及时关闭冷却水入口阀门，并使所产生的蒸汽及时排出；来水后，应缓慢通入冷却水。如严重缺水烧干时，严禁立即通入冷却水。

（4）带有水、冰、雪的物料，绝对不能向存有熔体的炉内投入。严禁爆炸品入炉。

（5）高温炼炉周围应保持干燥，并应设置安全坑。安全坑应保持干燥，并不得有可燃物。一旦炉体烧漏时，外流熔体有容纳之地，避免事故扩大。转炉的渣场不得有积水，倒渣时避免冰铜进入炉渣。

（6）设有前床的鼓风炉，应控制好冰铜面，严防冰铜随渣流出，遇水发生爆炸。

（7）密闭鼓风炉，应严格控制炉气中单体硫析出，以免在排烟系统中单体硫急剧燃烧或爆炸，从而损坏设备和伤人。

（8）防止转炉炉喷的办法是坚持正规操作。尤其当粗铜发生过吹，需用冰铜进行还原时，冰铜的倾入，必须由熟练的吊车司机，在该炉炉长的指挥下，十分谨慎缓慢地进行。发现炉内沸腾剧烈立即中止，等待沸腾减弱时再缓慢倾入。

（9）预防还原性气体进入烟道引起爆燃，应在烟道系统上设置多处防爆孔，使爆燃时瞬间产生的压力及时泄出，减弱其作用，防止喷火及损坏炉顶。预防还原性气体窜入烧油送风管引起爆燃，在进行还原前应将烧火系统切断，并用黏土严密封闭精炼炉的烧火孔，使炉内还原性气体不致漏入烧火系统中。使用液化石油气还原剂时，各管道不得漏气，胶管和阀门不得损坏，紧急截止阀动作应有效。停止使用时，应先关闭液化石油气阀门，然后用空气将管道内残存液化石油气冲洗干净，再关闭空气阀。

（10）电解液净化脱铜除砷、锑时，必须在密闭和有良好的排风条件的单独脱铜室内进行。现场应按班挂二氯化汞纸条，班后收回保存3天。操作人员入内作业时，应戴好砷化氢专用的防毒面具。脱铜室设置于楼上者，尤应注意楼面板是否有缝。以免往楼下泄漏，因砷化氢相对密度为3.484，比空气重。一旦发现操作者中毒症状时，应及时送医院治疗。

三、铅冶炼安全知识

196. 铅冶炼有哪些一般安全要求？

（1）有铅烟、铅尘发生源的车间应与其他车间隔离，该车间应设置在厂区全年最小频率风向的上风侧。

（2）铅作业场所的铅烟时间加权平均容许质量浓度应不超过0.03 mg/m^3，铅尘时间加权平均容许质量浓度应不超过0.05 mg/m^3，废气应进行净化处理。

（3）铅作业生产应优先采用先进的工艺和设备，提高生产过程密闭化、机械化和自动化水平。

（4）铅作业车间地面应便于清洗和铅尘回收。

（5）所有原料和半成品的存放应有确定的地点并且设置收集铅粉尘的容器。

（6）熔铅锅和浇注口旁应设置存放浮渣的容器。

（7）铅作业场所允许湿扫的生产设备，应采取湿扫、湿抹的方式，含铅废水应集中处理、达标排放，或者净化后循环使用。

（8）铅作业场所应设置有效的通风装置，并且设置事故通风设施。

（9）企业应定期对作业场所职业危害因素进行检测，建立健全职业卫生档案和从业人员职业健康档案。

197. 铅冶炼的储存和运输有哪些安全要求?

（1）储存的安全要求。

1）铅、铅合金、铅化合物、铅混存物等严禁露天堆放，应存放在专用的库房。

2）库房应是阴凉、干燥、通风、避光的防火建筑，并远离居民区和水源。

3）不同种类的铅物质应分开存放，远离热源、电源、火源。

4）库房内应保持整洁、干净，堆垛应符合安全、方便的原则，堆放牢固、整齐、美观。

5）电解铅残渣（阳极泥、碎渣）暂时堆放时，应使用专用容器盛装，集中堆放，不应堆放在露天、未硬化地面或有水流失的地方，避免造成污染。

6）粉状铅应使用专用容器进行包装储存。

7）包装破损时，应更换包装后，方可入库，包装应在专用场所进行。撒在地上的铅粉应用吸尘器或水清除干净，收集的铅粉应统一处理。

8）盛装过粉状铅的容器应密闭，并存放在固定的地点。含铅物质的包装物、容器重复使用前，应当进行检查。

9）长时间储存未经包装的铅时，宜加盖苫布。

10）各种含铅的物料、含铅泥渣等属于危险固体废物，其堆放应符合《常用化学危险品储存通则》（GB 15603—1995）的相关要求。

（2）运输的安全要求。

1）运输前粉状铅必须用专用容器包装，包装材料应不易破损，锭状铅应使用钢带打捆。

2）运输过程中应采取防止淋湿的措施，铅和含铅物质不应泄漏和飞扬。

3）人力搬运装有粉状铅、铅混存物的容器，应在容器上装设把手或车轮。

4）铅粉泄漏时，应立即进行清扫。

198. 铅冶炼有哪些个人防护和职业卫生的要求?

（1）铅作业人员应具有正确使用个人防护用品的技能，上岗时必须穿戴好个人防护用品。

（2）个人防护用品应按要求进行维护、保养，由企业集中清洗并及时更换，待清洗的个人防护用品应置于密闭容器储存，并设警示标识。

（3）铅作业场所应设置红色区域警示线，应在显著位置设置安全标志及说明有害物质危害性预防措施和应急处理措施的标志牌。

（4）作业场所应按照相关规范设置更衣室、浴室、洗手池等设施，休息室、浴室、公用衣柜等公共设施应经常打扫、冲洗。

（5）作业场所地面、墙壁和设备等应每天清扫或冲洗，从事清扫作业人员应穿工作服、戴防尘口罩等。收集的铅粉尘应放置在专用容器内，不应与其他垃圾堆放在一起。

（6）作业场所严禁吸烟、烤煮食物、进食饮水等，下班后必须洗澡、漱口、更换工作服后方可离开，严禁穿工作服进食堂、出厂。

199. 铅冶炼过程中焙烧工艺的安全技术措施有哪些？

铅冶炼主要采用火法，将硫化铅精矿焙烧成烧结块，在鼓风炉中进行还原熔炼得到粗铅，再经火法、电解精炼产出电解铅，此法即烧结——还原熔炼法。在焙烧过程中，安全生产管理技术要求较严，可以概括为以下 3 方面。

（1）把“三关”：炉料粒度、水分、混合制粒关，配料岗位操作关，烧结机操作关。

（2）“七不准”：不准物料过干、过湿，不准粒度过粗、过细，不准违反配料单进行配料，不准烧结机料面穿孔、跑空车，不准烧生料，不准炉篦堵塞和带块，不准任意停车。

（3）抓“十个环节”：制备好返料，干燥和破碎好精矿，合理均匀地搭配好杂料、渣尘，准确配料，炉料润湿，混合制粒，烧结机上均匀布料，控制点火炉和烧结温度，控制炉料层和烧结机小车速度，调整风量和堵塞漏风。

200. 预防铅冶炼中毒的措施有哪些？

铅中毒预防是铅冶炼安全工作的重点，根本途径是不断改进工艺流程，使生产环境中空气含铅的浓度达到或接近国家卫生标准。

（1）提高机械化、自动化程度，减轻劳动强度，对劳动条件差、铅烟尘污染严重的岗位，除加强密闭、通风排毒外，可在劳动组织上予以调整，由 3 班改为 4 班，缩短工作时间，减少接触铅的机会。

（2）对新建、改建和扩建的企业，坚持做到安全设施和职业病防护设施与主体工程同时设计、同时施工、同时投入使用，保证投产后生产岗位环境符合国家卫生标准。

（3）严格职业安全卫生制度，工人上岗前穿戴好防护用品，操作时及时启动抽风排气装置，定期检查维修防尘防毒设施，用湿法清扫生产现场地面，定期监测空气中的铅尘浓度以及经常评价分析防毒设施的效果，找出问题，不断改进。

（4）加强个体防护，要选择和佩戴滤尘效率高、阻力小的防尘口罩，不在生产现场吸烟、饮水、进餐，饭前要洗手、刷牙、漱口，下班需洗澡，工作服要勤洗勤换。

◎相关知识

铅中毒症状：成年人铅中毒后经常会出现疲劳、情绪消沉、心脏衰竭、腹部疼痛、肾虚、高血压、关节疼痛、生殖障碍、贫血等症状。孕妇铅中毒后会出现流产、新生儿体重过轻、死婴、婴儿发育不良等严重后果。儿童铅中毒后经常会出现食欲不振、胃疼、失眠、学习障碍、便秘、恶心、腹泻、疲劳、智力减退、贫血等症状。

铅中毒的危害主要表现在对神经系统、血液系统、心血管系统、骨骼系统等终生性的伤害上。

铅对心血管系统的伤害主要表现在以下 3 点：

（1）心血管病死亡率与动脉中铅过量密切相关，心血管病患者血铅和 24 h 尿铅水平明显高于非心血管病患者。

（2）铅暴露能引起高血压。

（3）铅暴露能引起心脏病变和心脏功能变化。

◎事故案例

2009 年 8 月，陕西凤翔县长青镇发生了儿童血铅超标事件，引起社会各界广泛关注。宝鸡市委、市政府派出调查组，对该事件进行问责调查。调查认为，东岭冶炼公司在卫生防护范围内村民未搬迁的情况下从事铅锌冶炼，是引发长青地区部分儿童血铅超标的主要原因。

根据2009年8月13日得出的权威检测结果，两村731名受检儿童中615人血铅超标，其中163人中度铅中毒、3人重度铅中毒，需要住院接受排铅治疗。

201. 熔炼工序烧结机操作有哪些安全要求?

（1）烧结机应严格按照系统开、停机程序进行操作。

（2）点火前不得开启吸风机，应检查水封是否密封良好，确认无漏气且助燃风机风量稳定正常后，方可点火。

（3）点火时，应先用火把在炉内点着火，随后逐步调节水封送气，并及时送煤气，待点火炉喷嘴全部喷火正常后方可开启并逐步调大煤气量，不得一次性将煤气调到最大值。

（4）点火时应背脸侧身，保持风压、气压稳定，稳定风气比，同时应先点火后送气，以免火焰喷出伤人或产生爆炸事故。

（5）当水套缺水时，应先停机、停火，待温度降低后再补水，以免发生爆炸事故。

（6）停机时，应先降低送风量并打开放空阀，同时关闭水封、切断煤气，保持助燃风机送风不变，待炉内温度降低后方可停机，并用蒸汽清扫。

202. 熔炼炉开停炉有哪些安全要求?

（1）底吹炉、顶吹炉等各种熔炼炉均应严格按照开停炉程序进行操作。

（2）开停炉前各控制室、炉前、加料、余热锅炉等岗位应相互联系确认；使用转炉的，操作人员应确认炉体周围无人及障碍物后，方可启动声音报警。

（3）开停炉前主控室及现场控制处应有专人负责；渣口、铅口应堵好，防止跑渣；使用转炉的，下料口旋转区域附近不得站人和堆放易燃物品。

（4）各监测点应有专人监护，以防出现意外情况，并同时负责气、油路安全状况。

（5）遇重大问题，操作人员来不及通知控制室时，应立即在现场控制。

（6）使用转炉的，炉体旋转到位后，各限位、制动开关应在正确位置。

203. 熔炼炉出铅出渣有哪些安全要求？

（1）操作人员应定时对炉体周围进行巡查，确保炉体周围无障碍物并处于正常运行状态。

（2）烧氧管、铅模等应保持干燥无水，捅铅口或渣口时不得使用空心管及潮湿的工具，炉体周围地面不得有积水。

（3）不得在铅流槽和渣流槽上踩踏、跨越，不得在铅模上行走，不得向未凝固的铅液面洒水；吊铅块时，吊钩要牢固，并钩稳铅鼻。

（4）炉上各水冷件的冷却水不得断流，水质、水温、流量符合冷却要求。

（5）使用转炉的，应定期清理水套活动门积渣，防止积渣过多，造成紧急转炉时损坏水套和直升烟道管束。

（6）烧氧、放渣作业人员应佩戴好防护面罩、护目镜，烧氧时不得直接将手握在吹氧管尾部顶端，开启氧气阀时应缓慢进行。

（7）铅液放入铅包运输前，应检查铅包，确认干燥、无积水、无裂缝，铅包内铅液不得过满，液面距离包口应大于 200 mm。

四、锌冶炼安全知识

204. 锌冶炼的主要事故类型有哪些？

锌冶炼方法可分为火法冶炼和湿法冶炼两类，火法冶炼因其能耗高，锌回收率低等问题，已逐渐淘汰。湿法炼锌系统可能发生的主要事故类型有以下几方面。

（1）火灾、爆炸。湿法炼锌系统使用了较多的易燃易爆物质，如冶金炉热源（含点火烘炉）采用天然气、柴油等，设备使用大量润滑油、液压油、汽轮机油，变压器使用变压器油，这些可燃、易燃易爆物品遇到激发能源可能发生火灾、爆炸事故。电气设备运行时，当遇到电气设备老化、过负荷运行、短路等情况时，可能导致电气火灾。

（2）中毒和窒息。锌冶炼过程中产生的含硫烟气一旦泄漏，可能造成现场作业人员中毒窒息，此外，部分烟气中还含有少量一氧化碳成分，也可能造成人员中毒。净液车间、精炼工序的生产过程中产生少量的砷化氢气体，如果通风排风不合理，人吸入会造成中毒事故。发烟硫酸储存、装卸过程中，逸出的三氧化硫烟气也有可能使人员中毒。氧气泄漏，人员吸入高浓度的氧会造成氧中毒。

（3）灼烫。锌冶炼生产系统中存在大量高温设备设施、高温物料工件等，可能造成人体高温烫伤。锅炉管道、压力容器爆破或操作不规范导致的高温、高压蒸汽泄漏，可能造成人体灼烫。作业过程中人体接触强酸、碱，可能导致人体灼伤。

（4）锅炉、压力容器爆炸。湿法炼锌系统电厂的锅炉工段，熔炼炉配套建设的余热锅炉存在发生锅炉爆炸事故的潜在风险，锅炉超压使用、超温运行、安全附件失效、余热锅炉腐蚀严重等，可能引起锅炉爆炸。湿法炼锌系统的空压机和压缩空气储罐、液氧储槽，各个工序维修时使用的氧气瓶、乙炔瓶，受腐蚀、光照、撞击、操作不当、管理不善、存储不当等影响，会发生压力容器爆炸事故。

（5）机械伤害。湿法炼锌系统生产过程中使用的机械设备种类较多，如带式输送机、泵、压模机、车床、轧机、风机等，在运行过程中可能直接与人体接触从而造成夹击、打击、卷入、碰撞等伤害，设备在检修时忽视安全措施或者设备转动外露部分缺少安全装置，也容易发生机械伤害，造成人员伤亡。

（6）起重伤害。湿法炼锌系统生产及检修过程中使用大量的起重设备，尤其是熔融金属吊运过程使用的冶金铸造起重机，其作业过程具有较大的危险性。当违章操作、违章指挥、设备（吊钩、钢丝绳等吊具）失效、缺少防护装置和设备、工具不全、吊物捆绑不当、作业场所狭窄杂乱以及组织管理混乱时，有可能造成起重伤害。

205. 硫化锌精矿焙烧有哪些安全要求？

（1）干燥窑的安全技术。

1）干燥窑点火作业，应先开窑尾风机，煤气（天然气）点燃后，再开窑头风机。

2）使用煤气（天然气）过程中，突然熄火或点不着火时，应马上关闭燃气阀门，放散燃烧室余气，待试点火正常后，才能再次点火。

3）严禁熄火后立即点火，煤气（天然气）管道堵塞时，排污阀应慢慢打开。煤气（天然气）正常后，应及时关好排污阀和放散阀。

4）使用燃气时打开燃烧室两个以上的煤气嘴，并调整燃气开关大小来调整燃烧室温度。停用燃气时关闭燃气阀，并从燃烧室操作孔确认燃烧已终止。

（2）沸腾炉安全技术。

1）在开炉或烤炉中，如果使用煤气，应防止煤气中毒、火灾和爆炸等事故。如果使用柴油或重油，应采取相应的防火措施。

2）开炉点火应及时调整沸腾炉排风机入口负压，避免炉膛正压过大向外冒烟气。

3）清理沸腾炉排料出口时，应先缩减风量，清理下料入口后，再清理排料出口。

4）使用压缩风吹沸腾层时，操作人员要戴好面罩式安全帽，应先把风管插入炉内，然后开风，开阀门时应缓慢进行，停吹时应先关风，然后拿出风管，防止风管烫伤人。

206. 锌焙烧矿浸出有哪些安全要求？

（1）严格控制溶液酸度，防止剧烈反应造成溶液冒槽、飞溅。

（2）入罐清渣时，首先应将设备断电、挂安全警示牌，检查检修设备可靠性，同时防止槽盖上物品坠落，操作时罐内应保持良好通风。

（3）加酸作业现场应严格管理水和浓硫酸，防止两类物质接触。

（4）加酸作业现场应准备碱、石灰等应急物资，配备清水喷淋装置等应急设施。

207. 硫酸锌溶液净化有哪些安全要求?

（1）净化罐应加盖密封，配有抽风装置，减少和杜绝砷化氢自罐面逸出对操作人员造成危害。

（2）保持作业现场通风，现场应配备砷化氢气体检测、报警装置。

（3）作业现场严禁烟火。操作时应防止金属相碰产生火花，以免引起氢气燃爆。

（4）锌粉、辅料定点堆放，保证通道畅通，做好锌粉防潮措施，严禁将水或液体喷洒到锌粉上，避免因锌粉接触水受潮而发生爆燃事故。

208. 硫酸电解槽的安全技术措施有哪些?

（1）电解槽出槽时从槽内最多同时吊出一半阴极，待全部装完新的阴极，并确认导电后方可再取出另一半阴极进行更换，以防放电断路。

（2）平整单片阳极时，应采取防止发生断路的措施。

（3）应经常检查，防止电解槽漏液，采取保障措施保持槽内液面。槽上作业要严防槽间短路。

（4）锌电解工序的楼面禁止烟火，防止氢气爆炸。

209. 锌冶炼的职业病危害防治技术措施有哪些?

（1）对产生粉尘、毒物的生产过程和设备（含露天作业的工艺设备），应优先采用机械化和自动化，避免直接人工操作。为防止物料跑、冒、滴、漏，其设备和管道应采取有效的密闭措施，并应结合生产工艺采取通风和净化措施。对移动的扬尘和逸散毒物的作业，应与主体工程同时设计移动式轻便防尘和排毒设备。

（2）对于逸散粉尘的生产过程，设置适宜的局部排风除尘设施对尘源进行控制。生产工艺和粉尘性质可采取湿式作业的，应采取湿法抑尘；当湿式作业仍不能满足卫生要求时，应采用其他通风、除尘方式。锌火法冶炼生产过程中带式输送机转运点、振动筛、沸腾炉及圆筒冷却机等处，以及球磨机的进出料口等处应设置密闭通风小室、整体密闭罩、密闭通风罩等。

（3）产生或可能存在毒物或酸碱等强腐蚀性物质的工作场所，应设冲洗设施；高毒物质工作场所墙壁、顶棚和地面等内部结构应采用耐腐蚀、不吸收、吸附毒物的材料，必要时加设保护层；车间地面应平整防滑，易于冲洗清扫；可能产生积液的地面应做防渗透处理，并采用坡向排水系统，将此种水纳入废水处理系统。

（5）防尘和防毒设施应依据车间自然通风风向、扬尘和逸散毒物的性质、作业点的位置和数量及作业方式等进行设计。经常有人来往的通道（地道、通廊）应有自然通风和机械通风，且不宜敷设有毒液体或有毒气体的通道。

（6）在生产中可能突然逸出大量有害物质或易造成急性中毒、易燃易爆的化学物质的室内作业场所，应设置事故通风装置及与事故排风系统相联锁的泄漏报警装置。

（7）可能存在或产生有毒物质的工作场所，应根据有毒物质的理化特性和危害特点配备现场急救用品，设置冲洗喷淋设备、应急撤离通道、必要的泄险区以及风向标。泄险区应低位设置且有防透水层，泄漏物质和冲洗水应集中纳入工业废水处理系统。

（8）在满足工艺流程要求的前提下，宜将高噪声设备相对集中。产生噪声的车间，应采取相应的隔声、吸声、消声、减振等控制措施。